집합과 논리의 기초

이석종 지음

教友社

머리말

현대는 정보 사회이다. 수많은 정보 자료의 홍수 속에서 자신이 필요한 정보를 검색하기 위해서는 분류를 제대로 할 수 있어야 한다. 분류에 사용되는 강력한 방법이 바로 집합의 개념이다. 집합의 개념을 사용하면 사회학, 심리학, 생물학, 공학 등 많은 분야에서 나타나는 여러가지 상황을 적절히 분류하여 수식적 모델을 만들 수 있게 해준다. 또한 자신의 생각이나 연구 결과를 타인에게 알리기 위해서는 논리적 서술이 필수적인데, 이를 위해서는 기초 논리의 개념이 필요하다. 이 책은 집합의 개념과 기초 논리, 증명법, 그리고 무한의 세계에 대해 기본적인 내용들을 설명한다.

이 책은 2001년에 출판된 저자의 "집합과 논리"에서 인문계, 사회계, 자연계, 공학계 학생들을 위해 기본적인 내용만을 발췌하여 구성하였다. 특히 기초 논리와 증명법에 대한 부분을 대폭 보강하였고, 이해가 어려운 부분을 쉽게 고쳐서 학생들이 부담없이 공부할 수 있도록 구성하였다. 여러가지 자세한 설명보다는 직관적인 이해를 돕기 위해 중요한 내용만을 수록하였으므로 담당교수의 설명을 들으면서 공부하여야 어려움이 없을 것이다.

이 책에서 사용하는 수학 용어는 2006년 대한수학회에서 발행한 "표준 수학용어집"을 따랐다. 아직도 우리말 용어가 일반화되지 않았기 때문에 처음으로 용어가 나오는 곳에 영문용어를 같이 병기했으며 필요할 경우 한글 및 영문 찾아보기를 이용할 수 있을 것이다. 또한 학생들의 입장에서도 영문용어를 알아두면 나중에 전공 분야의 원서를 읽을 경우 많은 도움이 될 것이다.

멀티미디어 강의를 계획하는 교수들을 위해 LCD projector에 사용가능한 pdf 파일이 준비되어 있다(연락처: sjl@chungbuk.ac.kr).

2008년 8월

이 석 종

차례

제 1 장

기초 논리

이 장에서 다루는 내용:

- 명제와 연결사
- 항진명제, 모순명제
- 연역적 추론
- 한정기호

제 1 절 명제와 연결사

- 명제(statement): 참과 거짓을 구별할 수 있는 식이나 문장
- 단순명제(simple statement): 한가지 사실을 주장하는 명제
- 합성명제(compound statement): 연결사를 사용해서 몇 개의 단순 명제를 이어서 만든 명제
  단순명제일 경우 보통 $p, q, r, \ldots$ 등으로, 합성명제일 경우 $P, Q, R, \ldots$ 등으로 나타낸다.
- 연결사(connectives): 단순명제를 이어서 합성명제로 만들어 주는 기호로서 $\sim, \wedge, \vee, \rightarrow, \leftrightarrow$ 등이 있다.
- 명제함수(propositional function): "$x > 0$" 과 같이 변수 x에 어떤 값을 대입하면 명제가 되는 문장이나 식으로서, $p(x)$로 표시한다.

⟦ 예 ⟧ **1.1** 아래 문장은 모두 명제이다.

(1) 서울은 한국의 수도이다.

(2) $2 + 1 = 5$.

(3) π의 소수점 이하 10000번째 자리 수는 3이다.

(4) 우주에는 지구 외에도 생물이 살고 있는 혹성이 있다.

(5) 지금 비가 내린다.

(1)은 참인 명제이고 (2)는 거짓인 명제이다. (3)과 (4)는 지금 우리가 잘 알지 못하지만 분명히 참이거나 거짓 중 하나이다. (5)의 명제는 지금의 상황에 따라 참과 거짓을 정할 수 있다.

〚 예 〛 **1.2** 아래 문장은 모두 명제가 아니다.

(1) 이번 주말에 놀러가자.

(2) 하늘이 파랗다.

(3) 안녕하세요?

정 의 **1.3** 명제 p의 부정(negation)은

$$\sim p$$

로 나타내고 "p가 아니다(not p)"라고 읽는다. p가 참(true, T)일 때 $\sim p$의 진리값(truth value)은 거짓(false, F)이 되고 p가 거짓일 때 $\sim p$의 진리값은 참이 된다. 이것을 진리표(truth table)로 나타내면 아래와 같다.

p	$\sim p$
T	F
F	T

〚 예 〛 **1.4** p : 서울은 한국의 수도이다.
$\sim p$: 서울은 한국의 수도가 아니다.

정 의 **1.5** 명제 p와 q의 논리합(disjunction)은

$$p \vee q$$

으로 나타내고, "p 또는 q"(p or q)라 읽는다. 논리합 $p \vee q$의 진리표는 아래와 같이 정의한다.

p	q	$p \vee q$
T	T	T
T	F	T
F	T	T
F	F	F

⟦ 예 ⟧ **1.6** p : 이 자동차는 배터리가 불량이다.

q : 이 자동차는 시동모터가 불량이다.

$p \vee q$: 이 자동차는 배터리가 불량이거나 시동모터가 불량이다.

정 의 **1.7** 명제 p와 q의 논리곱(conjunction)은

$$p \wedge q$$

으로 나타내고, "p 그리고 q" (p and q)라 읽는다. 논리곱 $p \wedge q$의 진리표는 아래와 같이 정의한다.

p	q	$p \wedge q$
T	T	T
T	F	F
F	T	F
F	F	F

⟦ 예 ⟧ **1.8** p : 이 자동차는 배터리가 불량이다.

q : 이 자동차는 시동모터가 불량이다.

$p \wedge q$: 이 자동차는 배터리가 불량이고 시동모터도 불량이다.

⟦ 예 제 ⟧ 1.9 $\sim [(\sim p) \wedge (\sim q)]$의 진리표를 작성하여라.

풀이.

p	q	$\sim$	$[(\sim p)$	$\wedge$	$(\sim q)]$
T	T	T	F	F	F
T	F	T	F	F	T
F	T	T	T	F	F
F	F	F	T	T	T
1	1	4	2	3	2

정 의 1.10 두개의 명제 P와 Q가 모든 경우에 대해 진리값이 같을 때 "P는 Q와 논리적 동치(logically equivalent)이다"라고 하며

$$P \equiv Q$$

로 나타낸다.

⟦ 예 ⟧ 1.11 (1) $p \equiv \sim (\sim p)$.
(2) $p \vee q \equiv \sim [(\sim p) \wedge (\sim q)]$.

정 의 1.12 조건문(conditional)은

$$p \to q$$

로 나타내고 "p 이면 q이다(if p then q)"라고 읽으며 진리값은 다음과 같다.

p	q	$p \to q$
T	T	T
T	F	F
F	T	T
F	F	T

참 고 **1.13** 위 조건문에서 p 부분을 조건문의 **전건부**(antecedent) 또는 **가정**(hypothesis) 또는 **전제**(premise)라 하고 q 부분을 **결론**(conclusion) 또는 **후건부**(consequent)라 한다.

참 고 **1.14** 괄호의 사용을 줄이기 위해 연결사의 결합에 아래와 같이 우선순위를 부여하자. $\sim$가 가장 강하고 다음에 $\wedge$, $\vee$, 그리고 다음에 $\to$의 결합을 하기로 하자.
예를 들어, $p \to \sim q \wedge \sim r$은 $p \to [(\sim q) \wedge (\sim r)]$와 같은 표현이다.

정 리 **1.15** $p \to q \equiv \sim p \vee q$이다.
즉, 조건문 $\to$는 $\sim$과 $\vee$만을 사용해서 표현가능하다.

증명.

p	q	$p \to q$	$\sim p$	$\vee$	q
T	T	T	F	T	T
T	F	F	F	F	F
F	T	T	T	T	T
F	F	T	T	T	F

위 진리표에서 모든 경우에 대하여 $p \to q$ 와 $\sim p \vee q$의 진리값이 일치한다. 따라서 $p \to q \equiv \sim p \vee q$이다. □

⟦ 예 ⟧ **1.16** p : 이 자동차는 시동이 잘 걸린다.

q : 이 자동차는 배터리가 양호하다.

$p \to q$: 이 자동차가 시동이 잘 걸리면 배터리가 양호하다.

$\sim p \vee q$: 이 자동차는 시동이 잘 걸리지 않거나 배터리가 양호하거나 둘 중 하나는 해당된다.

⟦ 예 제 ⟧ **1.17** $p \to q \equiv \sim (p \wedge \sim q)$이다.
즉, 조건문 $\to$는 $\sim$과 $\wedge$만을 사용해서 표현가능하다.

풀이.

p	q	$p \to q$	$\sim$	$(p$	$\wedge$	$\sim q)$
T	T	T	T	T	F	F
T	F	F	F	T	T	T
F	T	T	T	F	F	F
F	F	T	T	F	F	T

따라서 $p \to q \equiv \sim (p \wedge \sim q)$이다.

참 고 **1.18** 위 예제에 의하면 $p \to q$의 의미가 $\sim (p \wedge \sim q)$와 같은 뜻이 된다. 즉, "p이면 q이다"라는 뜻은 "p이면서 q가 아닌 경우는 없다"는 것이다.

⟦ 예 ⟧ **1.19** p : 이 자동차는 시동이 잘 걸린다.

q : 이 자동차는 배터리가 양호하다.

$p \to q$: 이 자동차가 시동이 잘 걸리면 배터리는 양호하다.

$\sim (p \wedge \sim q)$: 이 자동차가 시동이 잘 걸리면서 배터리가 불량이라는 것은 사실이 아니다. (시동이 잘 걸리면서 배터리가 불량일 경우는 없다.)

참 고 **1.20** 정리 1.15와 예제 1.17에 의하면 조건문이 여러가지로 표현된다는 것을 알 수 있다. 명제 계산을 할 경우 정리 1.15를 사용하여 조건문 기호 $\rightarrow$를 $\sim$과 $\vee$을 사용해서 변환시키면 계산이 간단해 진다.

정 의 **1.21** 쌍조건문(biconditional)은

$$p \leftrightarrow q$$

로 나타내고 "p이면 그리고 그 때에만 q이다(p if and only if q)"라고 읽으며 진리값은 아래와 같다.

p	q	$p \leftrightarrow q$
T	T	T
T	F	F
F	T	F
F	F	T

[예 제] **1.22** 쌍조건문 $p \leftrightarrow q$가 $(p \rightarrow q) \wedge (q \rightarrow p)$와 동치임을 보여라.

풀이.

p	q	$p \leftrightarrow q$	$(p \rightarrow q)$	$\wedge$	$(q \rightarrow p)$
T	T	T	T	T	T
T	F	F	F	F	T
F	T	F	T	F	F
F	F	T	T	T	T

1.1 연습문제

1. 아래 문장이 명제인지 판별하고, 명제인 경우 진리값을 구하여라.

   (a) 2000년 7월 1일 서울의 어느 곳엔가 눈이 내렸다.

   (b) 사다리꼴은 한 쌍의 대변이 평행이다.

   (c) 음주운전은 범법행위이다.

   (d) Bill Gates는 세계에서 제일 가는 부자다.

   (e) 철수와 민수는 착하다.

   (f) 이 자동차의 값은 얼마입니까?

   (g) 강의 중에는 휴대전화 전원을 끄세요.

   (h) 안전띠를 매시오.

   (i) 수 $3^{987654321} + 17$은 소수이다.

   (j) 명의 허준은 세종대왕의 병을 고쳤다.

   (k) $x^3 > 8$이면 $x > 2$이다.

2. p를 "이 자동차는 배터리가 양호하다", q를 "이 자동차는 시동이 잘 걸린다"라는 명제라 할 때 다음 각 명제를 문장으로 표현하여라.

   (a) $\sim p$

   (b) $p \wedge q$

   (c) $p \vee q$

   (d) $q \leftrightarrow p$

   (e) $p \to \sim q$

   (f) $q \vee \sim p$

   (g) $\sim p \wedge \sim q$

(h) $p \leftrightarrow q$

(i) $p \wedge q \to p$

3. 진리표를 사용하여 아래 명제 중에서 서로 동치인 명제를 찾아라.

(a) $\sim p$

(b) $\sim [\sim (\sim p)]$

(c) $q \to p$

(d) $\sim (p \wedge \sim q)$

(e) $p \wedge \sim q$

(f) $p \vee \sim q$

4. 진리표를 사용하여 아래 명제 중에서 서로 동치인 명제를 찾아라.

(a) $(p \wedge q) \wedge \sim p$

(b) $p \wedge q$

(c) $q \vee \sim p$

(d) $\sim (p \vee \sim p)$

(e) $\sim (\sim p \vee \sim q)$

(f) $\sim p \vee q$

(g) $(\sim q) \to (\sim p)$

(h) $q \leftrightarrow p$

5. 진리표를 사용하여 아래 명제 중에서 서로 동치인 명제를 찾아라.

(a) $p \wedge (q \vee r)$

(b) $(p \wedge q) \vee (p \wedge r)$

(c) $p \vee (q \wedge r)$

(d) $(p \vee q) \wedge (p \vee r)$

(e) $(p \vee q) \vee r$

(f) $p \vee (q \vee r)$

6. 두 명제 $p \vee q$와 $p \vee r$의 진리표를 작성하여라. 두 명제가 동치인가? 왜 그런지 설명하여라.

7. 다음과 같이 주어진 합성명제를 단순명제와 연결사를 써서 나타내어라.

   (a) 그녀가 천사라면 그녀에게 두 날개가 있다.

   (b) 고기값이 내릴 때만 고기의 수요를 충족시키지 못한다.

   (c) 정유사가 휘발유 가격을 내리거나 정부가 개입할 것이다.

   (d) 고기의 수입을 늘리거나 가축을 더 많이 사육하지 않으면 가격은 오를 것이다.

8. 두 개의 명제 p, q에 대해 논리 연결사로 만들어지는 동치가 아닌 상이한 명제는 모두 16개 있다. 왜 16개 밖에 없는지 설명하고 이들을 모두 찾아내어라.

9. 하나의 명제 p에 대해 논리 연결사로 만들어지는 동치가 아닌 상이한 명제는 몇 가지가 있는가? 각 경우의 진리표를 구하여라. 또 n개의 명제 $p_1, p_2, \cdots, p_n$ 에 대해서 동치가 아닌 상이한 명제는 몇 가지 있는가?

제 2 절 항진명제와 모순명제

이 절에서는 명제에서 중요한 역할을 하는 항진명제와 모순명제에 대해 알아보기로 하자. 항진명제와 모순명제는 명제 연산에서 항등원의 역할을 하기도 한다.

정 의 **1.23** 모든 경우에 대해 항상 참인 명제를 **항진명제**(tautology)라 하고 "t"로 나타낸다.
모든 경우에 항상 거짓인 명제를 **모순명제**(contradiction)라 하고 "c"로 나타낸다.

〚 **예** 〛 **1.24** (1) 명제 $p \vee \sim p$는 항진명제이다. 따라서

$$p \vee \sim p \equiv t.$$

(2) 명제 $p \wedge \sim p$는 모순명제이다. 따라서

$$p \wedge \sim p \equiv c.$$

참 고 **1.25** 항진명제와 모순명제는 성분명제의 진리값과 상관이 없고 명제 자체가 가지고 있는 구조에 의해 결정된다. 예를 들어 항진명제

$$p \vee \sim p$$

의 성분 p 대신에 $r \to s$를 대입하여 얻어진 명제

$$(r \to s) \vee \sim (r \to s)$$

도 항진명제가 된다. 뿐만 아니라 p 대신 어떤 명제를 대입하여도 항진명제가 된다.

[[**예 제**]] **1.26** 명제 $[(p \to q) \to r] \vee \sim [(p \to q) \to r]$가 항진명제가 됨을 보여라.

풀이. 항진 명제 $p \vee \sim p$에서 p 대신에 $(p \to q) \to r$을 대치한 명제이므로 항진명제가 된다.

정 의 **1.27** 조건문 $P \to Q$가 항진명제가 될 때 "P는 Q를 함의(implies)한다"라고 하고

$$P \Longrightarrow Q$$

로 나타낸다.
쌍조건문 $P \leftrightarrow Q$가 항진명제가 될 때 "P는 Q와 동치(equivalent)이다"라고 하고

$$P \Longleftrightarrow Q$$

로 나타낸다.

참 고 **1.28** 쌍조건문의 진리표를 살펴보면 $P \leftrightarrow Q$가 항진명제가 되려면 모든 경우에 대해 P와 Q의 진리값이 일치하여야 한다.
따라서 $P \Longleftrightarrow Q$와 $P \equiv Q$는 같은 의미가 된다.

참 고 **1.29** 명제 P, Q에 대해 아래 네 가지 사실은 모두 같은 의미이다.

(1) $P \Longrightarrow Q$

(2) $P \to Q$가 항진명제이다.

(3) $\sim P \vee Q$가 항진명제이다.

(4) $P \wedge \sim Q$가 모순명제이다.($\because$ 예제 1.17)

정 의 **1.30** $P \Longrightarrow Q$일 때 P를 Q가 되기 위한 **충분조건**(sufficient condition)이라 하고, Q를 P가 되기 위한 **필요조건**(necessary condition)이라 한다. 필요조건과 충분조건이 동시에 될 때 **필요충분조건**(necessary and sufficient condition)이라 한다.

참 고 **1.31** $P \iff Q$일 때, P는 Q가 되기 위한 필요충분조건이다.

정 리 **1.32** 임의의 명제에 대해 아래 사실이 성립한다.

(1) 합의 법칙(law of addition)
$p \Longrightarrow p \vee q.$

(2) 단순화법칙(law of simplification)
$p \wedge q \Longrightarrow p, \quad p \wedge q \Longrightarrow q.$

(3) 추이법칙(transitive law)
$(p \to q) \wedge (q \to r) \Longrightarrow p \to r.$

(4) 선언지제거법(disjunctive syllogism)
$(p \vee q) \wedge \sim p \Longrightarrow q,$
$(p \vee q) \wedge \sim q \Longrightarrow p.$

(5) 삼단긍정법(modus ponens)
$(p \to q) \wedge p \Longrightarrow q.$

(6) 삼단부정법(modus tollens)
$(p \to q) \wedge \sim q \Longrightarrow \sim p.$

증명. 대응하는 조건문 명제가 항진명제임을 보이면 된다. 즉, (4)의 경우 명제 $(p \vee q) \wedge \sim p \to q$가 항진명제임을 보이면 된다.

p	q	$(p \vee q)$	$\wedge$	$\sim p$	$\rightarrow$	q
T	T	T	F	F	T	T
T	F	T	F	F	T	F
F	T	T	T	T	T	T
F	F	F	F	T	T	F
1	1	2	3	2	4	1

위 진리표에서 $(p \vee q) \wedge \sim p \rightarrow q$가 항진명제이므로 $(p \vee q) \wedge \sim p \Longrightarrow q$이다. □

⟦ 예 ⟧ **1.33** 위 논리 법칙은 많은 분야에서 응용되고 있는데 특히 자동차 진단 시스템 및 의료진단 전문가 시스템에서 몇 가지만 예를 들어보자.

5) $p \rightarrow q$: 이 자동차가 시동이 잘 걸리면 배터리가 양호하다.
p : 이 자동차는 시동이 잘 걸린다.
위 두 가지 사실은
q : 이 자동차는 배터리가 양호하다
라는 사실을 함의한다.(즉 이와 같은 결론을 이끌어 낼 수 있다.)

6) $p \rightarrow q$: 이 자동차가 시동이 잘 걸리면 배터리가 양호하다.
$\sim q$: 이 자동차는 배터리가 불량이다.
따라서
$\sim p$: 이 자동차는 시동이 잘 걸리지 않는다.

6) $p \rightarrow q$: 이 환자가 위암 환자라면 급격한 체중변화가 나타난다.
$\sim q$: 이 환자는 급격한 체중변화가 없다.
따라서
$\sim p$: 이 환자는 위암은 아니다.
나머지 경우에 대해서는 각자 예를 들어보자.

정 리 **1.34** 임의의 명제에 대해 아래 사실이 성립한다.

(1) 이중부정(double negation)

$\sim(\sim p) \equiv p.$

(2) 멱등법칙(idempotent law)

$p \wedge p \equiv p, \quad p \vee p \equiv p.$

(3) 대우법칙(contrapositive law)

$p \to q \equiv \sim q \to \sim p.$

(4) 배리법(reductio ad absurdum)

$p \to q \equiv (p \wedge \sim q \to c).$

(5) 교환법칙(commutative law)

$p \wedge q \equiv q \wedge p, \quad p \vee q \equiv q \vee p.$

(6) 결합법칙(associative law)

$(p \wedge q) \wedge r \equiv p \wedge (q \wedge r),$

$(p \vee q) \vee r \equiv p \vee (q \vee r).$

(7) 분배법칙(distributive law)

$p \wedge (q \vee r) \equiv (p \wedge q) \vee (p \wedge r),$

$p \vee (q \wedge r) \equiv (p \vee q) \wedge (p \vee r).$

(8) 드모르간 법칙(De Morgan's Law)

$\sim(p \wedge q) \equiv \sim p \vee \sim q,$

$\sim(p \vee q) \equiv \sim p \wedge \sim q.$

증명. 대응하는 쌍조건문 명제가 항진명제임을 보이면 된다.
(3) 명제 $(p \to q) \leftrightarrow (\sim q \to \sim p)$가 항진명제임을 보이면 된다.

p	q	$(p \to q)$	$\leftrightarrow$	$(\sim q$	$\to$	$\sim p)$
T	T	T	T	F	T	F
T	F	F	T	T	F	F
F	T	T	T	F	T	T
F	F	T	T	T	T	T
1	1	2	4	2	3	2

위 진리표에서 $(p \to q) \leftrightarrow (\sim q \to \sim p)$가 항진명제이므로
$p \to q \equiv \sim q \to \sim p$이다.

(8) 명제 $\sim (p \wedge q) \leftrightarrow (\sim p \vee \sim q)$가 항진명제임을 보이면 된다.

p	q	$\sim$	$(p \wedge q)$	$\leftrightarrow$	$(\sim p$	$\vee$	$\sim q)$
T	T	F	T	T	F	F	F
T	F	T	F	T	F	T	T
F	T	T	F	T	T	T	F
F	F	T	F	T	T	T	T
1	1	3	2	4	2	3	2

위 진리표에서 $\sim (p \wedge q) \leftrightarrow (\sim p \vee \sim q)$가 항진명제이므로
$\sim (p \wedge q) \equiv \sim p \vee \sim q$이다. □

⟦ 예 ⟧ **1.35** 위 정리가 의미하는 예를 들어보자.

3) $p \to q$: 시동이 잘 걸리면 배터리가 양호하다.

$\sim q \to \sim p$: 배터리가 불량이면 시동이 잘 걸리지 않는다.

위 두 명제는 동치이다.

4) $p \to q$: 시동이 잘 걸리면 배터리가 양호하다.

$p \wedge \sim q \to c$: 시동이 잘 걸리고 배터리가 양호하지 않다는 것은 모순이다(말이 안 된다).

위 두 명제는 동치이다.

나머지 경우에 대해서는 각자 예를 들어보자.

참 고 **1.36** 위 정리의 대우법칙과 배리법은 증명에서 많이 사용하는 추론 방법이다. 조건문 형태의 명제 $p \to q$를 직접 증명하기 어려울 경우 대우명제 $\sim q \to \sim p$를 증명하거나, $p \wedge \sim q$를 가정하면 모순이 생긴다는 것($p \wedge \sim q \to c$)을 보이면 된다.

정 리 **1.37** 명제 t를 항진명제, c를 모순명제, p를 임의의 명제라 할 때 아래 사실이 성립한다.

(1) $p \wedge t \iff p, \quad p \vee t \iff t.$

(2) $p \vee c \iff p, \quad p \wedge c \iff c.$

(3) $c \Longrightarrow p, \quad p \Longrightarrow t.$

증명. (1) 아래 진리표에서 $p \wedge t \leftrightarrow p$가 항진명제이므로 $p \wedge t \iff p$가 된다.

p	t	$(p$	$\wedge$	$t)$	$\leftrightarrow$	p
T	T	T	T	T	T	T
F	T	F	F	T	T	F
1	1	1	2	1	3	1

또한 $p \vee t \iff t$도 마찬가지로 보일 수 있다.

(2) 생략

(3) 아래 진리표에서 $c \to p$가 항진명제이므로 $c \Longrightarrow p$이다.

p	c	c	$\to$	p
T	F	F	T	T
F	F	F	T	F

또한 아래 진리표에서 $p \to t$가 항진명제이므로 $p \Longrightarrow t$이다.

p	t	p	$\to$	t
T	T	T	T	T
F	T	F	T	T

□

1.2 연습문제

1. 정리 1.32을 증명하여라.

2. 정리 1.34을 증명하여라.

3. **동시부정**(joint denial) 연결사 $p \downarrow q$(p nor q라 읽는다)는 p도 아니고 q도 아님을 뜻한다. 즉 $p \downarrow q$에 대한 진리표가 아래와 같이 정의된다.

p	q	$p \downarrow q$
T	T	F
T	F	F
F	T	F
F	F	T

세 개의 연결사 $\wedge$, $\vee$와 $\sim$ 는 연결사 $\downarrow$ 를 사용하여 다음과 같이 표현할 수 있음을 밝혀라.

(a) $\sim p \equiv p \downarrow p$

(b) $p \wedge q \equiv (p \downarrow p) \downarrow (q \downarrow q)$

(c) $p \vee q \equiv (p \downarrow q) \downarrow (p \downarrow q)$

4. $p \vee (q \wedge r) \equiv (p \vee q) \wedge (p \vee r)$을 증명하여라.

5. $(p \rightarrow q) \Longrightarrow (p \wedge r \rightarrow q \wedge r)$을 증명하여라.

6. 임의의 명제 p, q, r에 대하여, $(p \leftrightarrow q) \equiv (p \wedge q) \vee (\sim p \wedge \sim q)$을 증명하여라.

7. 임의의 명제 p, q, r에 대하여, $(p \rightarrow q) \Longrightarrow (p \vee r \rightarrow q \vee r)$을 증명하여라.

8. 드모르간의 법칙을 써서 명제 "이 함수는 도함수를 갖거나 나는 바보이다"의 부정을 일상언어로 적어라.

9. 다음은 세 성분 p, q, r에 대한 드모르간의 법칙이다. 이것을 증명하여라.

   (a) $\sim (p \wedge q \wedge r) \equiv \sim p \vee \sim q \vee \sim r$

   (b) $\sim (p \vee q \vee r) \equiv \sim p \wedge \sim q \wedge \sim r$

10. 다음 **흡수법칙**(absorption law)을 증명하여라.

    (a) $p \wedge (p \vee r) \equiv p$

    (b) $p \vee (p \wedge r) \equiv p$

11. 정리 1.32의 각 법칙에 대해 일상 언어의 예를 들어라. (예 1.33 참고)

12. 정리 1.34의 각 법칙에 대해 일상 언어의 예를 들어라. (예 1.35 참고)

13. $(p \vee t \iff t)$와 $(p \wedge c \iff c)$을 각각 증명하여라.

14. $(\sim t \iff c)$와 $(\sim c \iff t)$을 증명하여라.

15. 다음 배리법을 증명하여라.

    $(p \wedge \sim q \to c) \iff (p \to q)$

16. $p \wedge (p \to q) \wedge (p \to \sim q) \iff c$을 증명하여라.

17. 두 명제 $p \wedge \sim p$와 $q \wedge \sim q$는 동치인가? $p \vee \sim p$와 $q \vee \sim q$는 동치인가? 왜 그런지 설명하여라.

18. 모든 모순 명제는 동치인가? 모든 항진 명제는 동치인가? 왜 그런지 설명하여라.

제 3 절 연역적 추론

앞 절의 정리에서 다룬 법칙들은 논리적 동치나 함의를 보이는데 매우 유용하다. 이 규칙들을 **추론 규칙**(rules of inference)이라 한다. 이 추론 규칙들은 인용의 편리를 위해 선택한 것들로서 서로 독립성을 유지하는 것은 아니다. 예를 들어 아래 예제와 같이 다른 규칙을 가지고 증명이 가능한 경우도 있다.

⟦ **예 제** ⟧ **1.38** 추론 규칙을 이용하여 대우명제의 법칙

$$(p \to q) \equiv \sim q \to \sim p$$

을 증명하시오.

풀이.

$$\begin{aligned} p \to q &\equiv \sim p \vee q && (\because \text{정리 } 1.15) \\ &\equiv \sim p \vee \sim(\sim q) && (\because \text{이중부정}) \\ &\equiv \sim (\sim q) \vee (\sim p) && (\because \text{교환법칙}) \\ &\equiv \sim q \to \sim p && (\because \text{정리 } 1.15) \end{aligned}$$

이와 같이 진리표를 사용하지 않고 추론 규칙을 사용하여 **연역적 방법**(deductive method)으로 추론하는 것을 **연역적 추론**(deductive reasoning)이라 한다.

⟦ **예 제** ⟧ **1.39** 연역적 방법으로 선언지제거법

$$(p \vee q) \wedge \sim p \Longrightarrow q$$

을 증명하시오.

풀이.

$$
\begin{aligned}
(p \lor q) \land \sim p &\equiv \sim p \land (p \lor q) && (\because \text{교환법칙}) \\
&\equiv (\sim p \land p) \lor (\sim p \land q) && (\because \text{분배법칙}) \\
&\equiv c \lor (\sim p \land q) && (\because p \land \sim p \equiv c) \\
&\equiv \sim p \land q && (\because \text{모순명제의 성질}) \\
&\Longrightarrow q && (\because \text{단순화})
\end{aligned}
$$

$\therefore (p \lor q) \land \sim p \Longrightarrow q$

⟦ **예 제** ⟧ **1.40** 연역적 방법으로 **추출의 법칙**(exportation law)

$$(p \land q \to r) \equiv [p \to (q \to r)]$$

을 증명하시오.

풀이. 우변의 식이 복잡하므로 우변을 간단히 해서 좌변을 유도하자.

$$
\begin{aligned}
[p \to (q \to r)] &\equiv [p \to (\sim q \lor r)] && (\because \text{정리 } 1.15) \\
&\equiv [\sim p \lor (\sim q \lor r)] && (\because \text{정리 } 1.15) \\
&\equiv [(\sim p \lor \sim q) \lor r] && (\because \text{결합법칙}) \\
&\equiv [\sim (p \land q) \lor r) && (\because \text{De Morgan}) \\
&\equiv [(p \land q) \to r] && (\because \text{정리 } 1.15)
\end{aligned}
$$

⟦ **예 제** ⟧ **1.41** 연역적 방법으로

$$(p \to r) \lor (q \to s) \equiv (p \land q) \to (r \lor s)$$

을 증명하시오.

풀이.

$$\begin{aligned}(p \to r) \vee (q \to s) &\equiv (\sim p \vee r) \vee (\sim q \vee s) \quad (\because \text{정리 } 1.15)\\ &\equiv (\sim p \vee \sim q) \vee (r \vee s)\\ &\qquad (\because \text{결합,교환,결합법칙})\\ &\equiv \sim (p \wedge q) \vee (r \vee s) \quad (\because \text{De Morgan})\\ &\equiv (p \wedge q) \to (r \vee s) \quad (\because \text{정리 } 1.15)\end{aligned}$$

위 증명을 진리표를 사용해서 할 경우 $2^4 = 16$가지의 진리표를 계산하여야 하므로 많은 시간과 노력이 들지만 추론 규칙을 이용하여 간단히 계산할 수 있었다.

참 고 **1.42** 위 논리식 계산에서 알 수 있듯이 연역적 추론에서는 조건문 형태의 명제 $p \to q$를 동치인 명제 $\sim p \vee q$로 고쳐서 계산하면 매우 편리하다.

1.3 연습문제

다음 1-13까지의 항진명제를 연역적 방법으로 증명하여라.

1. 삼단긍정법 $(p \to q) \wedge p \Longrightarrow q$

2. 삼단부정법 $(p \to q) \wedge \sim q \Longrightarrow \sim p$

3. 배리법 $(p \to q) \iff (p \wedge \sim q \to c)$

4. 선언지제거법 $(p \vee q) \wedge \sim p \Longrightarrow q$

5. $c \Longrightarrow p$

6. $(p \to q) \iff (p \to p \wedge q)$

7. $(p \to q) \iff (p \vee q \to q)$

8. $(p \to q) \iff \sim p \vee q$

9. $(p \to q) \wedge (q \to r) \iff (p \vee q \to r)$

10. $(p \to q) \wedge (p \to r) \iff (p \to q \wedge r)$

11. $(p \to q) \wedge (p \to \sim q) \iff \sim p$

12. $(p \to q) \vee (p \to r) \iff (p \to q \vee r)$

13. $(p \to r) \vee (q \to r) \iff (p \wedge q \to r)$

14. 긍정형 양도논법(constructive dilemmas)을 연역적 방법으로 증명하여라.

    $(p \to q) \wedge (r \to s) \Longrightarrow (p \vee r \to q \vee s)$

    $(p \to q) \wedge (r \to s) \Longrightarrow (p \wedge r \to q \wedge s)$

15. 부정형 양도논법(destructive dilemmas)을 연역적 방법으로 증명하여라.

    $(p \to q) \wedge (r \to s) \Longrightarrow (\sim q \vee \sim s \to \sim p \vee \sim r)$

    $(p \to q) \wedge (r \to s) \Longrightarrow (\sim q \wedge \sim s \to \sim p \wedge \sim r)$

제 4 절 한정기호

명제 "모든 사람은 죽는다"를 생각하여 보자. 모든 사람의 집합을 전체 집합 U로 생각할 때, 이 명제는 다음과 같이 나타낼 수 있다.

U에 속한 모든 x에 대해 x는 죽는다.

이제 "U에 속한 모든 x에 대해서"라는 구절을 **전칭기호**(universal quantifier)를 사용하여 $(\forall x)$로 나타낸다. 따라서 $p(x)$를 "x는 죽는다"라는 명제함수라 하면,

$$(\forall x)(p(x)) \quad \text{또는} \quad \forall x\ p(x)$$

와 같이 쓸 수 있다.

"x에 관계없이",

"임의의 x에 대해"

등의 표현은 모두 전칭기호로 나타낼 수 있다.

전칭기호는 가끔 생략할 경우가 있다. 예를 들어 대수적 항등식 $(a+b)(a-b) = a^2 - b^2$은 모든 실수(혹은 복소수)에 대해 성립하는데, 이 식은 전칭기호가 생략된 것이다.

다음으로 "어떤 사람은 죽는다"라는 명제를 생각해보자.

U에 속한 어떤 x에 대해 x는 죽는다.

"U에 속한 어떤 x에 대해"라는 구절을 **존재기호** (existential quantifier)를 사용하여 $(\exists x)$로 나타낸다. 따라서 위 명제는

$$(\exists x)(p(x)) \quad \text{또는} \quad \exists x\ p(x)$$

로 쓸 수 있다.

"적어도 한 개의 x에 대해",

"...인 x가 있다",

"...인 x가 존재한다"

등의 표현은 모두 존재기호로 나타낼 수 있다.

전칭기호와 존재기호를 통틀어 **한정기호** (quantifier)라 한다.

참 고 **1.43** 명제함수를 명제로 만드는 방법에는 2가지가 있다. 먼저 명제함수의 변수에 어떤 값을 대입하면 명제가 된다. 또 한가지 방법은 명제함수에 한정기호를 붙이는 방법이다. 예를 들어 $p(x)$를 "x는 양수이다"라는 명제함수라 하면, $p(x)$는 참, 거짓을 정할 수 없지만,

$$\forall x\ p(x)$$

는 거짓인 명제가 되어 진리값을 갖는다. 또한

$$\exists x\ p(x)$$

도 참인 명제가 된다.

⟦ **예** ⟧ **1.44** "모든 삼각형은 다각형이다"라는 명제는 "x가 삼각형이면, x는 다각형이다"로 나타낼 수 있다. 따라서

$$\forall x(x\text{가 삼각형이다} \rightarrow x\text{는 다각형이다})$$

와 같이 전칭기호를 이용하여 나타낼 수 있다.

'이 세상에 있는 모든 뱀은 독이 있다'라는 사실의 부정을 생각하면 '어떤 뱀은 독이 없다'가 될 것이다. 이와 같이 일반적으로 모든 경우에 성립하는 명제를 부정할 경우, 한가지만 성립하지 않아도 되므로 논리에서도 다음과 같이 정의한다.

정 의 **1.45** [한정기호 부정법(rule of quantifier negation)]
$p(x)$가 명제함수라 할 때, 아래와 같이 한정기호 부정의 규칙을 정의한다.

$$\sim [(\forall x)(p(x))] \equiv (\exists x)(\sim p(x))$$

$$\sim [(\exists x)(p(x))] \equiv (\forall x)(\sim p(x))$$

참 고 **1.46** 전체집합 U가 유한집합 $\{a_1, a_2, \ldots, a_n\}$일 경우를 생각하면,

$$(\forall x)(p(x)) \equiv p(a_1) \wedge p(a_2) \wedge \ldots \wedge p(a_n)$$

$$(\exists x)(p(x)) \equiv p(a_1) \vee p(a_2) \vee \ldots \vee p(a_n)$$

가 된다. 이 경우
$\sim [(\forall x)(p(x))]$
$\equiv \sim [p(a_1) \wedge p(a_2) \wedge \ldots \wedge p(a_n)]$
$\equiv \sim p(a_1) \vee \sim p(a_2) \vee \ldots \vee \sim p(a_n)$ $(\because$ De Morgan$)$
$\equiv (\exists x)(\sim p(x))$
따라서 한정기호 부정법은 De Morgan 법칙의 일반화가 된다.

참 고 **1.47** 전체 집합 U 중 일부분인 A에 대한 전칭기호가 있는 명제는 아래와 같이 변형된다.

$$\begin{aligned}(\forall x \in A)(p(x)) &\equiv (\forall x \in U)(x \in A \to p(x)) \\ &\equiv (x \in A \to p(x)) \quad (\because \text{전칭기호의 생략})\end{aligned}$$

또한 존재기호가 들어있을 경우는 아래와 같이 변형된다.

$$\begin{aligned}(\exists x \in A)(p(x)) &\equiv (\exists x \in U)(x \in A \wedge p(x)) \\ &\equiv (\exists x)(x \in A \wedge p(x))\end{aligned}$$

참 고 **1.48** 논리합이나 논리곱으로 이루어진 경우 한정기호의 영향을 받지 않는 명제는 한정기호의 영향 범위 안이나 밖으로 이동이 가능하다. 예를 들어 논리합으로 이루어진 명제에 대해 아래 사실이 성립한다.

(1) $(\forall x\ p(x)) \vee q \equiv \forall x\ (p(x) \vee q)$.

(2) $p \vee (\forall x\ q(x)) \equiv \forall x\ (p \vee q(x))$.

(3) $(\exists x\ p(x)) \vee q \equiv \exists x\ (p(x) \vee q)$.

(4) $p \vee (\exists x\ q(x)) \equiv \exists x\ (p \vee q(x))$.

논리곱에 대해서도 마찬가지 사실이 성립한다.

(1′) $(\forall x\ p(x)) \wedge q \equiv \forall x\ (p(x) \wedge q)$.

(2′) $p \wedge (\forall x\ q(x)) \equiv \forall x\ (p \wedge q(x))$.

(3′) $(\exists x\ p(x)) \wedge q \equiv \exists x\ (p(x) \wedge q)$.

(4′) $p \wedge (\exists x\ q(x)) \equiv \exists x\ (p \wedge q(x))$.

그러나 조건문의 전건부에 한정기호가 있을 경우에는 아래 정리에서 보는 것처럼 한정기호가 바뀐다.

정 리 **1.49** 한정기호가 있는 명제함수에 대해 아래 사실이 성립한다.

(1) $(\forall x\ p(x)) \rightarrow q \equiv (\exists x\ )(p(x) \rightarrow q)$.

(2) $(\exists x\ p(x)) \rightarrow q \equiv (\forall x\ )(p(x) \rightarrow q)$.

(3) $p \rightarrow (\forall x\ q(x)) \equiv (\forall x\ )(p \rightarrow q(x))$.

(4) $p \rightarrow (\exists x\ q(x)) \equiv (\exists x\ )(p \rightarrow q(x))$.

증명. 조건문을 논리합으로 변형한 후 계산하면 간단히 보일 수 있으므로 한가지만 보이기로 하자.

$$\begin{aligned} (\forall x\ p(x)) \rightarrow q &\equiv [\sim (\forall x\ p(x))] \vee q && (\because \text{정리 } 1.15) \\ &\equiv [\exists x\ (\sim p(x))] \vee q && (\because \text{한정기호 부정법}) \\ &\equiv [\exists x\ (\sim p(x) \vee q)] && (\because \text{참고 } 1.48) \\ &\equiv [\exists x\ (p(x) \rightarrow q)] && (\because \text{정리 } 1.15) \end{aligned}$$

□

참 고 **1.50** 위 정리의 사용 예는 예제 3.44에서 알아볼 것이다.

⟦ 예 제 ⟧ 1.51 아래 명제의 부정을 구하고 진리값을 구하여라.

모든 실수 x에 대해 $x^2 + 2x + 1 \geq 0$이다

풀이. $\sim [\forall x\ (x^2 + 2x + 1 \geq 0)]$
$\equiv \exists x\ (\ \sim (x^2 + 2x + 1 \geq 0))$
$\equiv \exists x\ (\ x^2 + 2x + 1 < 0)$
따라서 부정명제는 "어떤 실수 x에 대해 $x^2 + 2x + 1 < 0$"가 되며 거짓이다.

⟦ 예 제 ⟧ 1.52 아래 명제의 부정을 구하고 진리값을 구하여라.

모든 실수 x에 대해 $x^2 < 1$이면 $x < 1$이다

풀이.

$$\begin{aligned}
&\sim [\forall x\ (x^2 < 1 \rightarrow x < 1)] \\
&\equiv \exists x\ [\sim (x^2 < 1 \rightarrow x < 1)] && (\because \text{한정기호 부정법}) \\
&\equiv \exists x\ [\sim [\sim (x^2 < 1) \vee (x < 1)]] && (\because \text{정리 } 1.15) \\
&\equiv \exists x\ [(x^2 < 1) \wedge \sim (x < 1)] && (\because \text{De Morgan}) \\
&\equiv \exists x\ [(x^2 < 1)\ \wedge\ (x \geq 1)]
\end{aligned}$$

따라서 부정명제는 거짓이다.

⟦ 예 제 ⟧ 1.53 아래 명제는 "$x = a$에서 연속"이라는 정의이다. 이 명제의 부정을 구하여라.

$$\forall \epsilon\ \exists \delta\ [(\ |x - a| < \delta \rightarrow |f(x) - f(a)| < \epsilon)]$$

풀이. 한정기호 부정법을 사용하여 부정명제를 구하면

$$\begin{aligned}
\sim\ & [\forall\epsilon\ \exists\delta\ (|x-a|<\delta \rightarrow |f(x)-f(a)|<\epsilon)] \\
\equiv\ & \exists\epsilon\ \forall\delta\ [\sim(|x-a|<\delta \rightarrow |f(x)-f(a)|<\epsilon)] & (\because \text{한정기호 부정법}) \\
\equiv\ & \exists\epsilon\ \forall\delta\ [\sim[\sim(|x-a|<\delta)\vee(|f(x)-f(a)|<\epsilon)]] & (\because \text{정리 1.15}) \\
\equiv\ & \exists\epsilon\ \forall\delta\ [(|x-a|<\delta)\wedge\sim(|f(x)-f(a)|<\epsilon)] & (\because \text{De Morgan}) \\
\equiv\ & \exists\epsilon\ \forall\delta\ [(|x-a|<\delta)\ \wedge\ (|f(x)-f(a)|\geq\epsilon)]
\end{aligned}$$

1.4 연습문제

1. 명제 "방정식 $x^2-3x+2=0$ 에는 해가 존재한다" 를 한정기호를 써서 논리적으로 나타내어라. 또 변수 x가 속하는 전체집합을 구하여라.

2. 아래 문장을 적당한 명제와 한정기호를 사용해서 나타내어라.

   (a) x가 자연수이면, x는 정수이다.

   (b) 모든 자연수는 홀수이거나 짝수이다.

   (c) 소수(prime)이면서 짝수인 수가 존재한다.

   (d) $\int_a^b f(x)dx=(b-a)f(c)$인 c가 (a,b)에 존재한다.

   (e) 임의의 p에 대해 $pq=32$가 되는 q가 존재한다.

   (f) 모든 x에 대해 $x+y=0$이 되는 y가 존재한다.

   (g) 어떤 x에 대해 $x+y=0$이 되는 y가 존재한다.

   (h) 모든 x와 모든 y에 대해 $x+y=0$이다.

   (i) 모든 x와 모든 y에 대해 $x+y=y+x$이다.

   (j) 모든 x에 대해 모든 y는 $x+y=0$가 된다.

   (k) $1<2$이면 어떤 x에 대해 $x<2$가 된다.

3. 한정기호부정법을 써서 다음 각 명제의 부정인 명제와 동치인 명제를 하나씩 구하고 전체집합을 구하여라.

   (a) 모든 뱀은 파충류이다.

   (b) 정치인 중에는 순수한 사람이 있다.

   (c) 수학자 중에는 사교적인 사람이 있다.

   (d) 모든 여학생은 매력이 있거나 똑똑하다.

   (e) 귀엽지 않은 아기는 없다.

   (f) 내가 너에게 친절하지 않는 경우는 없다.

4. $\sim[(\forall x)q(x)] \equiv (\exists x)(\sim q(x))$로부터 다음을 유도하여라.

   $\sim[(\exists x)p(x)] \equiv (\forall x)(\sim p(x))$

5. $\sim[(\exists x)q(x)] \equiv (\forall x)(\sim q(x))$로부터 다음을 유도하여라.

   $\sim[(\forall x)p(x)] \equiv (\exists x)(\sim p(x))$

6. 다음을 각각 증명하여라.

   (a) $\sim[(\forall x)(\sim q(x))] \equiv (\exists x)q(x)$

   (b) $\sim[(\exists x)(\sim q(x))] \equiv (\forall x)q(x)$

7. $A = \{1, 2, 3, 4, 5\}$라 할 때, 다음 각 명제의 진리값을 구하여라.

   (a)$(\exists\ x \in A)(x + 5 = 7)$ (b)$(\forall\ x \in A)(x + 5 < 7)$

   (c)$(\exists\ x \in A)(x + 5 < 7)$ (d)$(\forall\ x \in A)(x + 5 \leq 7)$

8. 다음 각 명제의 부정을 구하여라.

   (a) $(\forall x\ p(x)) \wedge (\exists y\ q(y))$

   (b) $(\exists x\ p(x)) \vee (\forall y\ q(y))$

9. 다음 명제의 뜻을 문장으로 기술하여라.

(a) $\forall x\ \exists y\ (f(x,y)=0)$

(b) $\exists y\ \forall x\ (f(x,y)=0)$

10. $A(x,y)$가 명제함수일 때

$$\forall x\ \forall y\ A(x,y) \equiv \forall y\ \forall x\ A(x,y)$$

$$\exists x\ \exists y\ A(x,y) \equiv \exists y\ \exists x\ A(x,y)$$

는 성립하나 일반적으로

$$\forall x\ \exists y\ A(x,y) \equiv \exists y\ \forall x\ A(x,y)$$

는 성립하지 않는다. 예를 들어 설명하여라.

11. 집합 {1,2,3}을 전체집합이라 할 때 다음 각 명제에 대한 진리값을 결정하여라.

(a) $\exists x\ \forall y\ (x^2 < y^2+1)$

(b) $\forall x\ \exists y\ (x^2+y^2 < 10)$

(c) $\forall x\ \forall y\ (x^2+y^2 < 10)$

(d) $\forall x\ \forall y\ \exists z\ (x^2+y^2 < 2z^2)$

(e) $\exists x\ \exists y\ \forall z\ (x^2+y^2 < 2z^2)$

12. 집합 $\mathbb{N}$을 전체집합이라 할 때 다음 위 문제의 각 명제에 대한 진리값을 결정하여라.

13. 집합 $\mathbb{R}$을 전체집합이라 할 때 다음 위 문제의 각 명제에 대한 진리값을 결정하여라.

14. 다음 각 명제에 대한 부정을 구하여라.

(a) $\exists x\ \ \forall y\ (p(x,y))$

(b) $\forall x\ \ \forall y\ (p(x,y))$

(c) $\exists y \ \ \exists x \ \forall z \ (p(x, y, z))$

(d) $\forall x \ \ \forall y \ (p(x) \vee q(y))$

(e) $\exists x \ \ \forall y \ (p(x, y) \rightarrow q(x, y))$

(f) $\exists y \ \ \exists x \ (p(x) \wedge \sim q(y))$

15. 수열 $< a_1, a_2, \cdots \ a_n, \cdots >$의 극한이 0임을 아래와 같이 정의하였을 때 이 문장의 부정을 구하여라.

$\forall \epsilon \ \exists n_0 \ [\forall \ n \ (n > n_0 \rightarrow \ |a_n| \leq \epsilon)]$

16. 함수 f에 관한 아래 명제가 성립하는지 알아보아라.

(a) $\forall f$(f는 연속이다 $\rightarrow$ f는 미분가능이다).

(b) $\forall f$(f는 미분가능이다 $\rightarrow$ f는 연속이다).

(c) $\forall f$(f는 연속이다 $\rightarrow$ f는 유계함수이다).

제 2 장

여러가지 증명법

이 장에서 다루는 내용:

- 추론의 타당성
- 직접 증명법
- 간접 증명법
- 수학적 귀납법

제 1 절 추론의 타당성

어떤 사실에서 새로운 사실을 함의하는 논리의 법칙에 대한 예를 앞에서 들어 보았는데, 이와 같은 과정을 추론이라 한다. 논리의 중요한 과제 중 하나는 추론을 점검하는 것이다. 이제 추론에 대해 자세히 알아보자.

정 의 **2.1** 추론(argument) 또는 논증이란 몇 개의 전제인 명제

$$p_1, p_2, \ldots, p_n$$

으로부터 결론

$$q$$

를 이끌어 내는 과정이다. 이와 같은 추론을 기호

$$p_1, p_2, \ldots, p_n \;/ \therefore q$$

또는

$$p_1, p_2, \ldots, p_n \vdash q$$

로 나타낸다.

정 의 **2.2** 추론 $p_1, p_2, \ldots, p_n \;/ \therefore q$가 타당(valid)하다는 것은

$$p_1 \wedge p_2 \wedge \ldots \wedge p_n \Longrightarrow q$$

일 때이다. 타당하지 않은 추론을 오류(fallacy)라 한다.

참 고 **2.3** $p_1, p_2, \ldots, p_n \ / \therefore q$: 타당한 추론
$\Longleftrightarrow$ $p_1 \wedge p_2 \wedge \ldots \wedge p_n \to q$: 항진명제
$\Longleftrightarrow$ 성분 명제 $p_1, p_2, \ldots, p_n$이 모두 참이면 결론 q도 참이다.

[[예 제]] 2.4 추론 "그가 범인이라면, 그는 현장에 있었을 것이다. 그는 현장에 없었다. 따라서 그는 범인이 아니다."의 타당성을 알아보아라.

풀이. p : 그는 범인이다
q : 그는 현장에 있었다
라고 하자. 그러면 주어진 추론은

$$p \to q$$
$$\sim q$$
$$/ \therefore \sim p$$

가 된다. 따라서 주어진 명제의 결합

$$[(p \to q) \wedge \sim q] \to \sim p$$

의 진리표를 알아보면 된다. 실제로 이 명제는 삼단부정법에 의해 항진명제가 된다. 따라서 타당한 추론이다.

[[예 제]] 2.5 추론 "그가 수학을 잘 한다면, 그는 머리가 좋을 것이다. 그는 수학을 잘한다. 따라서 그는 머리가 좋다."의 타당성을 알아보아라.

풀이. p : 그는 수학을 잘한다
q : 그는 머리가 좋다
라고 하자. 그러면 주어진 추론은

$$p \to q$$

$$p$$

$$/ \therefore q$$

가 된다. 따라서 주어진 명제의 결합

$$[(p \to q) \wedge p] \to q$$

의 진리표를 알아보면 된다. 실제로 이 명제는 삼단긍정법에 의해 항진명제가 된다. 따라서 주어진 추론은 타당하다.

참 고 **2.6** 타당한 추론이란 전제가 모두 참일 때 결론이 참이 된다는 것만을 보장하는 것이다. 주어진 전제가 거짓일 경우 엉뚱한 결론이 유도될 수도 있다. 즉 추론의 타당성은 주어진 성분명제의 참, 거짓과는 관계가 없고 주어진 추론의 형식이 가지고 있는 타당성이다. 특히 어떤 추론에서 결론이 거짓일 경우, 전제 명제가 거짓이거나 잘못된 추론(오류)이다.

아래의 예를 살펴보자.

⟦ 예 제 ⟧ 2.7 추론 "이광수가 노벨 문학상을 받았다면 그는 한국 최초의 노벨 문학상 수상자이다. 이광수는 노벨 문학상을 받았다. 따라서 그는 한국 최초의 노벨 문학상 수상자이다."의 타당성을 알아보아라.

풀이. p : 이광수가 노벨 문학상을 받았다.
q : 이광수는 한국 최초의 노벨 문학상 수상자이다.
라고 하자. 그러면 주어진 추론은

$$p \to q$$

$$p$$

$$/ \therefore q$$

가 되는데 삼단긍정법에 의해 $[(p \to q) \wedge p] \Longrightarrow q$가 성립한다. 따라서 주어진 추론은 타당하다.

이제 좀 더 복잡한 경우를 생각해 보자.

[[예 제]] 2.8 아래 추론의 타당성을 알아보아라.
철수가 의대를 다녔다면 그는 부유한 생활을 할 것이다.
철수가 예술대를 다녔다면 그는 멋있는 인생을 보낼 것이다.
철수가 부유한 생활을 하거나, 멋있는 인생을 보내고 있다면 등록금을 낭비한 것이 아니다.
철수는 등록금을 낭비했다.
따라서 철수는 의대도 예술대도 다니지 않았다.

풀이. 위의 추론을 아래와 같이 나타내자.
p : 철수가 의대를 다녔다.
q : 철수는 부유한 생활을 한다.
r : 철수가 예술대를 다녔다.
s : 철수는 멋있는 인생을 보낸다.
m : 철수는 등록금을 낭비했다.
라고 하자. 그러면 주어진 추론은
H1: $p \to q$
H2: $r \to s$
H3: $(q \vee s) \to \sim m$
H4: m
C: $\therefore \sim p \wedge \sim r$
가 된다.

이 추론의 타당성을 보이려면 주어진 명제의 결합인

$$[(p \to q) \wedge (r \to s) \wedge [(q \vee s) \to \sim m] \wedge m] \to [\sim p \wedge \sim r]$$

가 항진명제임을 보이면 된다. 이 명제는 5개의 성분명제로 이루어져 있어서 타당성을 보이려면 $2^5 = 32$ 행을 가진 진리표를 작성하여야 한다. 그러나 연역적 추론을 이용하면 몇 단계만에 증명이 끝난다.

타당성의 증명을 형식적으로 아래와 같이 나타낼 수 있다. 왼쪽에 가정과 거기에서 유도되는 명제들을 나열하고 오른쪽에 각 단계의 정당성을 적으면 된다. 여기서 정당성이란 앞에서 얻어진 명제이거나 추론 규칙을 말한다. 이와 같은 증명을 **형식적 증명**(formal proof)이라 한다.

(1) 형식적 증명:

1.	$p \to q$	가정
2.	$r \to s$	가정
3.	$(q \vee s) \to \sim m$	가정
4.	$m \quad / \therefore \sim p \wedge \sim r$	가정/ 결론
5.	$\sim (q \vee s)$	3, 4, 삼단부정법
6.	$\sim q \wedge \sim s$	5, De Morgan
7.	$\sim q$	6, 단순화
8.	$\sim s$	6, 단순화
9.	$\sim p$	1, 7, 삼단부정법
10.	$\sim r$	2, 8, 삼단부정법
11.	$\sim p \wedge \sim r$	9, 10, 논리곱

위 형식적 증명에 반해 아래와 같은 증명을 **비형식적 증명**(informal proof)이라 한다. 복잡한 논리학의 증명을 제외한 대부분의 수학에서는 비형식적 증명을 사용한다.

(2) 비형식적 증명:

우선 삼단부정법을 이용하여 가정 H3, H4로부터 $\sim (q \vee s)$을 얻어낸다. 여기에 De Morgan의 법칙을 적용하면 $\sim q \wedge \sim s$을 얻을 수 있다. 또한 단순화 법칙에 의해 $\sim q$와 $\sim s$를 얻을 수 있다. $\sim q$와 가정 H1으로 부터 삼단부정법을 이용하여 $\sim p$를 얻어낸다. 마찬가지로 $\sim s$와 가정 H2로부터 삼단부정법을 이용하여 $\sim r$을 얻어낸다. 따라서 $\sim p \wedge \sim r$이라는 결론을 얻을 수 있다.

⟦ **예 제** ⟧ **2.9** 아래 추론의 타당성을 증명하여라.

시동이 잘 걸리지 않으면 배터리나 연료나 기타 부품이 불량이다.
배터리가 불량이면 에어컨이 시원하지 않다.
연료가 불량이면 매연이 많이 나온다.
이 자동차는 시동이 잘 걸리지 않는다.
이 자동차는 매연이 없다.
이 자동차는 에어컨도 시원하다.
따라서 이 자동차는 배터리나 연료가 아닌 기타 이유 때문에 시동이 잘 걸리지 않는 것이다.

풀이. b : 이 자동차는 배터리가 양호하다.
a : 이 자동차의 에어컨은 시원하다.
g : 이 자동차의 연료가 양호하다.
p : 이 자동차는 매연이 없다.
s : 이 자동차는 시동이 잘 걸린다.
e : 이 자동차는 기타 부품이 양호하다.
라 하면 주어진 추론은

$$\sim s \rightarrow [\sim b \vee \sim g \vee \sim e]$$

$$\sim b \rightarrow \sim a$$

$$\sim g \rightarrow \sim p$$

$$\sim s$$

$$p$$

$$a / \therefore b \wedge g \wedge \sim e$$

와 같이 표현되고, 이를 증명하면 아래와 같다.

1.	$\sim s \rightarrow [\sim b \vee \sim g \vee \sim e]$	
2.	$\sim b \rightarrow \sim a$	
3.	$\sim g \rightarrow \sim p$	
4.	$\sim s$	
5.	p	
6.	$a / \therefore b \wedge g \wedge \sim e$	
7.	$\sim b \vee \sim g \vee \sim e$	$1, 4$, 삼단긍정법
8.	$\sim b \vee (\sim g \vee \sim e)$	7, 결합법칙
9.	b	$2, 6$, 삼단부정법
10.	$\sim g \vee \sim e$	$8, 9$, 선언지제거법
11.	g	$3, 5$, 삼단부정법
12.	$\sim e$	$10, 11$, 선언지제거법
13.	$b \wedge g \wedge \sim e$	$9, 11, 12$, 논리곱

2.1 연습문제

1. 예제 2.9를 비형식적으로 증명하여라.

2. 아래 추론이 타당한지 알아 보아라.

   (a) 모든 인간은 동정심을 갖고 있다. 그는 동정심이 없다. 따라서 그는 인간이 아니다.

   (b) 성격이 꼼꼼하면 정리정돈을 잘한다. 그는 정리정돈을 잘한다. 따라서 그는 성격이 꼼꼼하다.

(c) 모든 밀가루는 하얗다. 이 가루도 하얗다. 따라서 이 가루는 밀가루이다.

(d) 모든 밀가루는 하얗다. 이 가루는 하얗지 않다. 따라서 이 가루는 밀가루가 아니다.

(e) 배터리가 불량인 자동차는 시동이 잘 걸리지 않는다. 이 자동차는 시동이 잘 걸리지 않는다. 따라서 이 자동차는 배터리가 불량이다.

(f) 모든 선진국은 백인국가이다. 우리나라는 백인국가가 아니다. 따라서 우리나라는 선진국이 아니다.

(g) 위암 환자들은 복통 증세가 있으며 체중의 변화가 나타난다. 이 환자도 복통 증세가 있고 체중변화가 있다. 따라서 이 환자는 위암 환자이다.

3. 아래 추론이 타당한지 알아 보아라.

우등생들은 술은 마시지 않고 공부를 열심히 한다. 철수는 술을 안 마시지만 공부는 열심히 안한다. 따라서 철수는 우등생이라 할 수 없다.

4. 아래 추론이 타당한지 알아 보아라.

전공 공부를 잘하면 성적이 좋다. 성적이 좋으면 좋은 회사에 취직 된다. 좋은 회사에 취직이 되면 행복한 인생을 살게 된다. 따라서 전공 공부를 잘하면 행복한 인생을 살게 된다.

5. 아래 추론이 타당한지 알아 보아라.

한국인이 세계적 작가가 되었다면 그는 뛰어난 능력이 있거나 행운이 따르는 사람이다. 그는 한국인으로서 세계적 작가가 되었다. 하지만 그는 행운이 따르지 않는다. 따라서 그는 뛰어난 능력이 있다.

6. 아래 소괄호 안의 기호를 이용하여 다음 추론을 증명하여라.

   인구가 급속히 증가하고 생산량이 머물러 있으면 물가는 오른다. 물가가 오르면 정부가 통제할 것이다. 내가 부자라면 물가상승을 걱정하지 않을 것이다. 내가 부자가 아니라함은 참이 아니다. 정부가 물가상승을 통제하지 않거나, 나는 물가상승을 걱정한다. 그러므로 인구는 급속히 증가하고 생산량은 그대로 머물러 있다함은 참이 아니다. (P: 인구가 급속히 증가한다. C: 생산량은 그대로 머물러 있다. R: 물가가 오른다. G: 정부가 물가를 통제한다. H: 나는 부자이다. I: 나는 물가상승을 걱정한다.)

7. 아래 소괄호 안의 기호를 이용하여 다음 추론을 증명하여라.

   우리의 젊음은 귀중하다. 그러므로 우리의 청춘을 헛되이 보내서는 안될 것이다. 그러나 우리는 우리의 청춘을 헛되이 보내고 있거나 청춘의 가치를 모르고 있다. 따라서 우리는 청춘의 가치를 모르고 있다. (V: 우리의 청춘은 귀중하다. W: 우리는 우리의 청춘을 헛되이 보내고 있다. K: 우리는 청춘의 가치를 알고 있다.)

8. 필요할 경우 상식적인 내용의 명제를 추가하여 아래 추론이 타당한지 알아보아라.

   너와 민호가 공놀이를 하다가 민호가 우리집 유리창을 깼다. 민호는 유리 값을 변상할 돈이 없다. 너는 민호의 가장 친한 친구이다. 그리고 너는 유리 값을 변상할 정도의 돈을 갖고 있다. 따라서 네가 우리집 유리 값을 변상해야 한다.

제 2 절 간접증명법

앞 절에서 보인 예들처럼 전제조건에서 직접 결론을 이끌어 내는 방법을 **직접증명법**(direct proof)이라 한다. 직접증명법을 사용하기 어려울 경우 **간접증명법**(indirect proof)을 사용할 수 있다. 간접증명법에는 결론의 부정을 전제에 추가하여 모순을 이끌어 내는 방법인 **배리법**(reductio ad absurdum)이 많이 사용된다. 배리법은 **귀류법**으로 부르기도 한다.

⟦ 예 제 ⟧ 2.10 아래 추론의 타당성을 간접증명법으로 증명하여라.
그가 인문계열 학과를 다닌다면 그는 멋있는 인생을 살 것이다.
그가 자연계열 학과를 다닌다면 그는 취직을 잘 할 것이다.
그는 인문계열이나 자연계열 학과에 다닌다.
따라서 그는 멋있는 인생을 살거나 취직을 잘 할 것이다.

풀이. p : 그는 인문계열 학과를 다닌다.
q : 그는 멋있는 인생을 살 것이다.
r : 그는 자연계열 학과를 다닌다.
s : 그는 취직을 잘 할 것이다.
라고 하자. 그러면 주어진 추론은

$$p \to q$$

$$r \to s$$

$$p \vee r$$

$$/ \therefore q \vee s$$

가 된다. 간접증명법으로 증명하자.

1. $p \to q$
2. $r \to s$
3. $p \vee r \quad / \therefore q \vee s$

4.	$\sim (q \vee s)$	간접증명
5.	$\sim q \wedge \sim s$	4, De Morgan
6.	$\sim q$	5, 단순화
7.	$\sim s$	5, 단순화
8.	$\sim p$	1, 6, 삼단부정법
9.	$\sim r$	2, 7, 삼단부정법
10.	r	3, 8, 선언지제거
11.	$r \wedge \sim r$	9, 10, 논리곱
12.	c	11

모순을 이끌어 냈으므로 배리법에 의해 주어진 추론은 타당하다.

⟦ 예 제 ⟧ 2.11 다음 논증의 타당성을 간접증명법으로 증명하여라.

$$p \vee q \to r$$
$$s \to p \wedge u$$
$$q \vee s / \therefore r$$

풀이.

1.	$p \vee q \to r$	
2.	$s \to p \wedge u$	
3.	$q \vee s / \therefore r$	
4.	$\sim r$	간접증명법
5.	$\sim (p \vee q)$	1, 4, 삼단부정법
6.	$\sim p \wedge \sim q$	5, De Morgan
7.	$\sim p$	6, 단순화
8.	$\sim q$	6, 단순화

9.	s	$3, 8,$ 선언지제거
10.	$p \wedge u$	$2, 9,$ 삼단긍정법
11.	p	$10,$ 단순화
12.	$p \wedge \sim p$	$7, 11,$ 논리곱
13.	c	12

결론을 부정하여 모순을 이끌어 내었으므로 배리법에 의해 위 논증은 타당하다.

2.2 연습문제

1. 다음 각 추론에 대하여 직접증명과 간접증명을 하고 어느 증명이 더 많은 단계를 거치는지 비교하여라.

   (a) $A \vee (B \wedge C)$

   $B \to D$

   $C \to E$

   $D \wedge E \to A \vee C$

   $\sim A / \therefore A \vee C$

   (b) $B \vee (C \to E)$

   $B \to D$

   $\sim D \to (E \to A)$

   $\sim D / \therefore C \to A$

   (c) $A \vee B \to B \wedge C$

   $B \wedge C$

   $\sim B / \therefore \sim A$

   (d) $(A \vee B) \to (A \to D \wedge E)$

   $A \wedge C / \therefore E \vee F$

(e) $A \vee B$

$\sim B \vee C / \therefore A \vee C$

2. 아래 추론이 타당한지 알아보아라.
값싸고 맛있는 식당이라면 불만이 없다. 불만이 없는 식당이라면 또 갈 마음이 생긴다. 음식값이 싸지만 다시 갈 마음이 생기지 않는 식당은 맛이 없는 것이다.

3. 아래 추론이 타당한지 알아보아라.
범인은 A 아니면 B이다.
A는 언제나 C와 함께 일을 한다.
때로는 거기에 D도 가담한 적이 있다.
이번 범행에는 C에게 알리바이가 있다.
따라서 B가 범인이다.

4. 성실한 사람은 신뢰를 받는다.
유능한 사람은 근면하고 성실하다.
제멋대로인 사람은 신뢰를 받지 못한다.
위 사실에서 아래 두 가지 사실이 연역되는지 알아보아라.
(a) 제멋대로인 사람은 유능하지 않다.
(b) 성실하지 않은 사람은 제멋대로이다.

5. 아래 추론이 타당한지 알아보아라.
어떤 학급의 아동들에 대해 조사한 결과 다음을 알게 되었다.
사회를 좋아하는 학생들은 수학이나 과학을 좋아하지 않았다.
과학을 좋아하지 않는 아동들은 국어를 좋아했다.
사회를 좋아한다고 하여 반드시 국어를 좋아한다고 할 수 없었다.
그러므로 국어도 수학도 좋아하지 않는 아동들이 있다.

제 3 절 여러가지 증명법

앞에서 배운 추론의 타당성을 보이는 것은 많은 분야에서 나타나는데 유형별로 여러가지 상황에 어떻게 적용하는지 알아보기로 하자.

3.1 조건문 형태

수학에서 가장 많이 나타나는 조건문 $p \to q$ 형태의 증명법에는 다음과 같은 방법이 많이 사용된다.

(1) **직접증명법**: 앞에서 언급한 것처럼 조건 p에서부터 직접 결론 q를 이끌어 낸다. 논리적으로 살펴보면

$$[(p \to s_1) \wedge (s_1 \to s_2) \wedge \ldots \wedge (s_n \to r)] \Rightarrow (p \to r)$$

의 추론 규칙을 사용하는 것이다.

(2) **대우법** : 대우명제인 $\sim q \to \sim p$를 보임으로서 명제를 증명한다. $p \to q \equiv \sim q \to \sim p$의 추론 규칙을 사용하는 것이다.

(3) **배리법(귀류법)** : 결론부를 부정하면 모순이 나온다는 것을 보임으로서 증명. 즉 $p \to q \equiv (p \wedge \sim q) \to c$의 추론 규칙을 사용하는 것이다.

⟦ 예 ⟧ 2.12 추론 "a가 홀수이면 a^2도 홀수이다"를 직접증명법으로 증명하여라.

증명. a가 홀수라 하자. 그러면 a는 적당한 자연수 k에 대해 $a = 2k+1$이 된다. $a^2 = (2k+1)^2 = 4k^2 + 4k + 1 = 2(2k^2 + 2k) + 1$이 되고, 따라서 a^2은 홀수이다. 그러므로 명제가 성립한다. □

⟦ 예 ⟧ 2.13 추론 "a^2이 홀수이면 a도 홀수이다"를 대우법으로 증명하여라.

증명. 결론을 부정하여 a가 홀수가 아니라고 하자. 그러면 a는 짝수이므로 적당한 자연수 k에 대해 $a = 2k$가 된다. $a^2 = (2k)^2 = 4k^2 = 2(2k^2)$이 되고, 따라서 a^2은 짝수이다. 즉, a^2은 홀수가 아니다. 그러므로 대우법에 의해 명제가 성립한다. □

〚 예 〛2.14 추론 "a^2이 홀수이면 a도 홀수이다"를 배리법으로 증명하여라.

증명. a^2이 홀수이면서 a가 홀수가 아니라고 하자. 그러면 a는 짝수이므로 적당한 자연수 k에 대해 $a = 2k$가 된다. $a^2 = (2k)^2 = 4k^2 = 2(2k^2)$이 되고, 따라서 a^2은 짝수이다. 따라서 a^2은 홀수이면서 짝수이다. 이것은 모순이다. 그러므로 배리법에 의해 명제가 성립한다. □

3.2 쌍조건문 형태

수학의 정리 등에서 많이 나타나는 쌍조건문 형태의 타당성을 보일 경우 아래와 같은 두가지 방법이 있다.

(1) 두개의 조건문이 성립함을 증명: $(p \to q)$ 와 $(q \to p)$라는 두 가지 사실을 보인다. 각 조건문을 보일 경우 위에서 언급한 방법을 사용할 수 있다. $p \leftrightarrow q \equiv (p \to q) \wedge (q \to p)$의 추론 규칙을 사용하는 것이다.

(2) 동치인 식의 열을 나열하는 방법: 직접 동치인 식을 나열하여 이끌어 낸다. 즉,

$$\begin{array}{ccc} p & \leftrightarrow & q_1 \\ q_1 & \leftrightarrow & q_2 \\ & \cdots & \\ q_n & \leftrightarrow & r \end{array} \quad \text{간단히 나타내면} \quad \begin{array}{ll} p & \leftrightarrow q_1 \\ & \leftrightarrow q_2 \\ & \cdots \\ & \leftrightarrow r \end{array}$$

와 같은 형태로 증명한다. 논리적으로 살펴보면

$$[(p \leftrightarrow s_1) \wedge (s_1 \leftrightarrow s_2) \wedge \ldots \wedge (s_n \leftrightarrow r)] \Rightarrow (p \leftrightarrow r)$$

의 추론 규칙을 사용하는 것이다.

⟦ 예 ⟧ **2.15** 실수 a, b가 방정식 $x^2 + px + q = 0$의 해가 되기 위한 필요충분조건은 $a + b = -p$이고 $ab = q$이다. 이를 보여라.

증명. $(\Rightarrow)$ a, b가 방정식 $x^2 + px + q = 0$의 해가 된다고 하자. 근의 공식에 의해

$$a = \frac{-p + \sqrt{p^2 - 4q}}{2}, \ b = \frac{-p - \sqrt{p^2 - 4q}}{2}$$

이다(혹은 반대로). 따라서 $a + b = -p$, $ab = q$이다.

$(\Leftarrow)$ $a + b = -p$이고 $ab = q$이라 하자. 그러면 $b = -p - a$가 된다. 결국 $q = ab = a(-p - a) = -ap - a^2$. 따라서 $a^2 + ap + q = 0$이다. 즉 a는 $x^2 + px + q = 0$의 해가 된다. 마찬가지로 b도 해가 됨을 보일 수 있다. □

⟦ 예 ⟧ **2.16** 모든 실수 x, y에 대해 아래 항등식이 성립함을 보여라.

$$x^2 - y^2 = (x + y)^2 - 2xy$$

증명. 임의의 실수 x, y에 대해

$$x^2 - y^2 = (x^2 + 2xy + y^2) - 2xy = (x + y)^2 - 2xy$$

이므로 성립한다. □

3.3 여러가지 경우를 나누는 형태

한 가지 방법으로 증명하기 어려울 때는 여러가지 경우를 나누어 증명할 수 있다. $(p \vee q) \rightarrow r$을 보이기 위해서 $(p \rightarrow r)$이고 $(q \rightarrow r)$임을 보이는 것이다. 논리적으로 보면

$$[(p \rightarrow r) \wedge (q \rightarrow r)] \Rightarrow [(p \vee q) \rightarrow r]$$

의 추론 규칙을 사용하는 것이다. n개의 경우가 있는 형태는

$$[(p_1 \to r) \wedge \cdots \wedge (p_n \to r)] \Rightarrow [(p_1 \vee \cdots \vee p_n) \to r]$$

의 추론 규칙을 사용하는 것이다.

⟦ 예 ⟧ 2.17 모든 실수 a에 대해 $\sqrt{a^2} = |a|$을 보여라.

증명. a가 실수이므로 $a \geq 0$이거나 $a < 0$이다.
(1) $a \geq 0$일 경우: $a \geq 0$이므로 $\sqrt{a^2} = a = |a|$이다.
(2) $a < 0$일 경우: $\sqrt{a^2} = -a = |a|$이다.
위 두가지 모두 $\sqrt{a^2} = |a|$이다. 따라서 모든 실수 a에 대해 $\sqrt{a^2} = |a|$이다.
□

3.4 한 개 명제

한 개 명제의 타당성을 증명할 경우는 추론에서 전제 부분이 없을 경우로 생각할 수 있다.

(1) **직접증명법**: 직접 증명한다.

(2) **귀류법**: $\sim p$를 가정하면 모순이 생긴다는 것을 보인다. $\sim p$가 성립하지 않는다는 것을 보이는 것이므로 **이중부정법**으로 볼 수도 있다. 즉 $\sim(\sim p) \equiv p$의 추론 규칙을 사용하는 것이다.

⟦ 예 제 ⟧ 2.18 "모든 실수 x에 대해 $x \neq 0 \to \frac{1}{x} \neq 0$"를 귀류법으로 증명하여라.

증명. 주어진 명제는

$$(\forall x \in \mathbb{R})(x \neq 0 \to \frac{1}{x} \neq 0)$$

이므로 부정을 구하면

$$(\exists x \in \mathbb{R})(x \neq 0 \wedge \frac{1}{x} = 0) \qquad (\because \sim(p \to q) \equiv p \wedge \sim q)$$

이다. 즉 어떤 실수 x에 대해 $x \neq 0 \land \frac{1}{x} = 0$이다. 역수의 정의에 의해 $1 = x \cdot \frac{1}{x} = x \cdot 0 = 0$. 따라서 $1 = 0$로서 모순이다. 따라서 주어진 명제가 성립한다. □

3.5 $(\forall x)p(x)$의 형태

전칭기호가 포함되어 있는 명제의 경우 아래와 같은 방법을 사용할 수 있다. 아래의 $(\exists x)p(x)$의 부정을 보이는 경우도 여기에 해당된다.

(1) 모든 x에 대해서 $p(x)$가 성립하는 것을 보인다.

(2) x를 임의로 택했을 경우 성립하는 것을 보인다.

〚 예 〛 **2.19** 전체집합이 $\{2, 3\}$일 때 모든 x에 대해 $1 < x \to 1 < x^2$을 보여라.

증명. $x = 2$일 때, $1 < 2 \to 1 < 2^2$이다.
또한 $x = 3$일 때, $1 < 3 \to 1 < 3^2$이다.
따라서 모든 x에 대해 성립한다. □

〚 예 〛 **2.20** 모든 실수 x에 대해 $1 < x \to 1 < x^2$을 보여라.

증명. 임의의 $1 < x$인 x를 생각하자. $0 < 1$이므로 추이법칙에 의해 $0 < x$이다. 그러면 $1 < x$이고 $0 < x$이므로

$$x = 1 \cdot x < x \cdot x$$

이다. 다시 추이법칙에 의해 $1 < x^2$이다. □

3.6 $(\exists x)p(x)$의 형태

수학에서 존재기호가 들어 있는 정리가 많이 나타나는데, 이런 정리의 증명에는 아래와 같은 방법이 사용된다. 위에서 본 $(\forall x)p(x)$ 형태의 부정형태인 $(\exists x) \sim p(x)$을 보이는 경우도 여기에 해당된다.

(1) 실제 예를 찾아낸다. $(\exists x) \sim p(x)$와 같은 부정 형태의 예를 반례(counterexample)라 한다.

(2) 존재할 수 밖에 없다는 것을 보인다. 직접 구하는 것이 어렵거나 불가능할 때 사용한다.

⟦ 예 ⟧ **2.21** 연속이지만 미분 불가능한 함수가 존재함을 보여라.

풀이. $f : \mathbb{R} \to \mathbb{R}$, $f(x) = |x|$라 하면 f는 연속이지만 $x = 0$에서 미분 불가능하다.

⟦ 예 ⟧ **2.22** $x^3 - x^2 + 3x - 5 = 0$의 근이 1과 2 사이에 적어도 하나 존재함을 보여라.

풀이. $f(x) = x^3 - x^2 + 3x - 5$라 두자. $f(x)$는 $[1, 2]$에서 연속이고

$$f(1) = 1 - 1 + 3 - 5 = -2 < 0$$

$$f(2) = 8 - 4 + 6 - 5 = 5 > 0$$

이다. 따라서, $f(1) < 0 < f(2)$이므로, 중간값의 정리에 의해서 $f(c) = 0$이 되는 c가 $(1, 2)$에 적어도 하나 존재한다.

2.3 연습문제

1. 아래 추론을 직접증명법으로 증명하여라.

   (a) a가 홀수이면 a^2도 홀수이다.

   (b) a가 짝수이면 a^2도 짝수이다.

   (c) a와 b가 짝수이면 $a + b$도 짝수이다.

   (d) a와 b가 홀수이면 $a + b$는 짝수이다.

   (e) a와 b가 짝수이면 ab도 짝수이다.

(f) a와 b가 홀수이면 ab도 홀수이다.

2. 아래 추론을 배리법으로 증명하여라.

   (a) a가 홀수이면 a^2도 홀수이다.

   (b) a가 짝수이면 a^2도 짝수이다.

   (c) a와 b가 짝수이면 $a+b$도 짝수이다.

   (d) a와 b가 홀수이면 $a+b$는 짝수이다.

   (e) a와 b가 짝수이면 ab도 짝수이다.

   (f) a와 b가 홀수이면 ab도 홀수이다.

3. 아래 추론을 대우법으로 증명하여라.

   (a) a가 홀수이면 a^2도 홀수이다.

   (b) a가 짝수이면 a^2도 짝수이다.

   (c) a와 b가 짝수이면 $a+b$도 짝수이다.

   (d) a와 b가 홀수이면 $a+b$는 짝수이다.

   (e) a와 b가 짝수이면 ab도 짝수이다.

   (f) a와 b가 홀수이면 ab도 홀수이다.

4. 아래 명제들이 성립함을 귀류법으로 증명하여라.

   (a) x가 유리수이고 y가 무리수이면 $x+y$가 무리수이다.

   (b) $x \neq 0$가 유리수이고 y가 무리수이면 xy가 무리수이다.

   (c) 모든 실수 x와 모든 실수 y에 대해 $(x \neq 0 \wedge y \neq 0) \to xy \neq 0$.

   (d) $(\forall x \in \mathbb{R})(x > 0 \to x + \frac{1}{x} \geq 2)$.

5. 모든 실수 a에 대해 $|a^2| = |a|^2$임을 보여라.

6. 모든 실수 a에 대해 $a \leq |a|$임을 보여라.

7. 모든 실수 a에 대해 $|-a| = |a|$임을 보여라.

8. a와 b가 실수이면 $|a+b| \leq |a| + |b|$임을 보여라.

9. a와 b가 실수이면 $|a| - |b| \leq |a-b|$임을 보여라.

10. $p \to (q \leftrightarrow r)$을 증명할 때, $(p \wedge q) \to r$과 $(p \wedge r) \to q$를 보이면 타당하다는 것을 보여라.

11. 이절에서 언급한 추론 규칙들이 타당하다는 것을 보여라.

제 4 절 수학적 귀납법

모든 자연수에 대해 성립하는 명제를 증명할 때는 **수학적 귀납법**을 사용할 수 있다.

정 리 **2.23** [수학적 귀납법(mathematical induction)]
자연수 n에 대한 명제함수 $P(n)$가 아래 두가지 조건을 만족한다고 하자.

(1) $P(1)$이 성립한다.

(2) 임의의 자연수 k에 대해 $P(k) \Longrightarrow P(k+1)$.

그러면 $P(n)$은 모든 자연수 n에 대해 성립한다.

위 정리는 자연수에 대한 페아노(Peano) 공리계에서 부터 얻어진다.

[[예 제]] 2.24 수학적 귀납법을 사용하여 아래 공식을 증명하여라.

$$1+2+3+\cdots+n = \frac{n(n+1)}{2}$$

증명. 먼저 $P(n)$을 명제

$$1+2+3+\cdots+n = \frac{n(n+1)}{2}$$

이라 하자.
(1) $P(1)$이 성립한다. 왜냐하면

$$1 = \frac{(1\cdot 2)}{2}$$

(2) 이제 $P(k)$가 성립한다고 가정하자. 그러면

$$1+2+3+\cdots+k = \frac{k(k+1)}{2}$$

이다. 양변에 $k+1$을 더해주면

$$\begin{aligned} 1+2+3+\cdots+k+(k+1) &= \frac{k(k+1)}{2}+(k+1) && (2.1)\\ &= \frac{k(k+1)}{2}+\frac{2(k+1)}{2} && (2.2)\\ &= \frac{(k+2)(k+1)}{2} && (2.3)\\ &= \frac{(k+1)(k+2)}{2} && (2.4) \end{aligned}$$

이식은 $P(k+1)$이 성립한다는 것을 보여준다.
(1)과 (2)에 의해 수학적 귀납법의 조건을 만족시킨다는 것을 알 수 있다. 따라서 모든 자연수 n에 대해 명제 $P(n)$이 성립한다. 즉, 모든 자연수 n에 대해

$$1+2+3+\cdots+n=\frac{n(n+1)}{2}$$

이 성립한다. □

2.4 연습문제

1. 수학적 귀납법으로 모든 자연수 n에 대해 아래 식이 성립함을 보여라.

$$1^2+2^2+3^2+\cdots+n^2=\frac{n(n+1)(2n+1)}{6}$$

2. 수학적 귀납법으로 모든 자연수 n에 대해 아래 식이 성립함을 보여라.

$$1^3+2^3+3^3+\cdots+n^3=\frac{n^2(n+1)^2}{4}$$

3. 수학적 귀납법으로 모든 자연수 n에 대해 아래 식이 성립함을 보여라.

$$1+3+5+\cdots+(2n-1)=n^2$$

4. 수학적 귀납법으로 모든 자연수 n에 대해 아래 식이 성립함을 보여라.

$$\frac{1}{1\cdot 2}+\frac{1}{2\cdot 3}+\frac{1}{3\cdot 4}+\cdots+\frac{1}{n\cdot(n+1)}=\frac{n}{n+1}$$

5. 수학적 귀납법으로 아래 일반 드모르간 법칙을 보여라.

   (a) $\sim(p_1 \wedge p_2 \wedge \cdots \wedge p_n) \equiv \sim p_1 \vee \sim p_2 \vee \cdots \vee \sim p_n$

   (b) $\sim(p_1 \vee p_2 \vee \cdots \vee p_n) \equiv \sim p_1 \wedge \sim p_2 \wedge \cdots \wedge \sim p_n$

6. 수학적 귀납법으로 아래 일반 분배법칙을 보여라.

   (a) $p \vee (q_1 \wedge q_2 \wedge \cdots \wedge q_n) \equiv (p \vee q_1) \wedge (p \vee q_2) \wedge \cdots \wedge (p \vee q_n)$

   (b) $p \wedge (q_1 \vee q_2 \vee \cdots \vee q_n) \equiv (p \wedge q_1) \vee (p \wedge q_2) \vee \cdots \vee (p \wedge q_n)$

7. 수학적 귀납법으로 $(\forall n \geq 5)(2^n > n^2)$을 증명하여라.
   (힌트 $(\forall n \geq 5)(2^n > n^2) \equiv (\forall n)(n \geq 5 \rightarrow 2^n > n^2)$을 이용하여 5부터 적용하면 된다)

8. 수학적 귀납법으로 $(\forall n \geq 6)(n^3 < n!)$을 증명하여라.

9. 수학적 귀납법으로 $\cos n\pi = (-1)^n$을 증명하여라.(힌트 삼각함수의 합을 곱으로 변환하는 공식 사용)

제 3 장

집합의 기본적 개념

이 장에서 다루는 내용:

- 집합의 개념과 표현법
- 집합 연산: 합집합, 교집합, 차집합, 여집합
- 집합의 연산 법칙
- 집합족
- 러셀의 패러독스
- 공리적 집합론

제 1 절 집합의 개념과 표현법

집합(set)에 대한 직관적인 개념은 Cantor에 의해 1895년 최초로 제안되었다.

> 집합이란 직관이나 사고의 대상으로서, 명확하고 구별할 수 있는 것들의 모임이다.

집합을 이루는 각각의 것들을 **원소**(element)라 한다.

⟦ **예** ⟧ **3.1** 아래 모임들은 모두 집합이다.

(1) 이 교실에 있는 책상의 모임

(2) 우리 학과 학생들의 모임

(3) 문자 a, b, c, d 의 모임

(4) 우리나라 헌법 조항의 모임

(5) 제곱해서 2가 되는 유리수의 모임

(6) 모든 자연수의 모임

(7) 0과 1 사이에 있는 실수의 모임

- **유한집합**(finite set): 유한개의 원소를 포함하는 집합
- **무한집합**(infinite set): 유한집합이 아닌 집합
- **공집합**(empty set): 원소가 하나도 없는 집합으로서 ϕ로 표시한다.
- **한원소 집합**(singleton set): 원소가 하나인 집합

위 예에서 (1)부터 (5)까지의 집합은 유한집합이고 (6)과 (7)의 집합은 무한집합이다.

집합의 원소를 알 수 있을 때는 중괄호를 사용하여 원소들을 둘러싸서 집합을 나타낸다.

(3)의 집합은 $\{a, b, c, d\}$와 같이 나타낸다.

(6)의 경우는 $\{1, 2, 3, \dots\}$와 같이 나타낸다.

(5)는 ϕ이다.

집합을 나타낼 때는 보통 대문자 $A, B, \dots$ 등을 사용하고, 원소를 나타낼 때는 소문자를 사용한다. a가 집합 A의 원소일 때

$$a \in A$$

로 표시하고 a는 A에 **속한다**(belong)고 읽는다. a가 집합 A의 원소가 아닐 때

$$a \notin A$$

로 표시한다.

정 의 **3.2** $A = B \equiv (\forall x)[x \in A \leftrightarrow x \in B]$

즉, $A = B$가 참이라는 것은 $(\forall x)[x \in A \leftrightarrow x \in B]$이 참이 되는 것이다. 이 때 집합 A 와 B는 **상등**(identical)이다 또는 **같다**(equal)고 한다.

[예] 3.3 $\{a, a, b\} = \{a, b\}$, $\{a, b\} = \{b, a\}$

정 의 **3.4** (1) $A \subseteq B \equiv (\forall x)[(x \in A) \to (x \in B)]$, 이 때 A를 B의 **부분집합**(subset)이라 하고, B를 A의 **포함집합**(super set)이라 한다. 즉, $A \subseteq B$가 참이라는 의미는 $(\forall x)[(x \in A) \to (x \in B)]$이 참이라는 의미이다.

(2) $A \subseteq B \wedge A \neq B$일 때 A를 B의 **진부분집합**(proper subset)이라 하고, $A \subsetneq B$ 혹은 $A \subset B$으로 표시한다.

참 고 **3.5** 위 두 정의로부터
$A = B \iff A \subseteq B \wedge B \subseteq A$임을 알 수 있다.

정 리 **3.6** 공집합은 모든 집합의 부분집합이다.

증명. A를 집합이라 하자.
$\phi \subseteq A \equiv (\forall x)[x \in \phi \to x \in A]$이다.
그런데 $x \in \phi$가 거짓이므로, $[x \in \phi \to x \in A]$는 항상 참이다.
$\therefore \phi \subseteq A$ □

〚 예 〛 3.7 $3 \in \{3\}$, $\{3\} \subseteq \{3\}$, $\{3\} = \{3\}$, $\{3\} \subseteq \{3, 4\}$이 성립하고,
$\phi = \phi$, $\phi \subseteq \phi$, $\phi \subseteq \{\phi\}$, $\phi \in \{\phi\}$이 성립한다.
그러나 $\{3\} \notin \{3\}$, $3 \not\subseteq \{3\}$이다.

정 리 **3.8** $A \subseteq B, B \subseteq C \Longrightarrow A \subseteq C$

증명. $x \in A$라 하자.
$x \in A \Longrightarrow x \in B$ $(\because A \subseteq B)$
$x \in B \Longrightarrow x \in C$ $(\because B \subseteq C)$
$\therefore x \in A \Longrightarrow x \in C$ ($\because$ 논리의 추이법칙)
따라서 정의에 의해 $A \subseteq C$이다. □

임의의 집합 A와 x에 관한 임의의 명제 $p(x)$가 있을 때, $p(x)$를 참으로 하는 A의 모든 원소 x를 모아 놓은 집합

$$\{x \in A \mid p(x)\}$$

가 존재한다. 실제로 이 규칙은 공리적 집합론에서는 공리로 받아들이며, **분류공리**(axiom of specification)라 부른다. 이와 같이 집합을 나타내는 방법을 **조건제시법**(set builder form) 이라 한다. 따라서 집합을 표현하는 방법에는 원소를 모두 표시해 주는 **원소나열법**(element listing notation)과 조건제시법 두 가지가 있다.

앞으로 다른 이야기가 없을 경우 아래와 같은 특별한 기호로 해당 집합을 표현하기로 하자.

$$\mathbb{R} = \{x \mid x \text{ 는 실수 }\}$$
$$\mathbb{Q} = \{x \mid x \text{ 는 유리수 }\}$$
$$\mathbb{Q}' = \{x \mid x \text{ 는 무리수 }\}$$
$$\mathbb{Z} = \{x \mid x \text{ 는 정수 }\}$$
$$\mathbb{N} = \{x \mid x \text{ 는 자연수 }\}$$
$$\mathbb{I} = \{x \in \mathbb{R} \mid 0 \le x \le 1\}$$
$$\mathbb{R}^+ = \{x \in \mathbb{R} \mid x > 0\}$$

위 집합들 사이에 $\mathbb{N} \subseteq \mathbb{Z} \subseteq \mathbb{Q} \subseteq \mathbb{R}$와 같은 관계가 있다는 것을 쉽게 보일 수 있다.

정 의 **3.9** A가 집합일 때 A의 부분집합을 모두 모아 놓은 집합을 **멱집합**(power set)이라 하고 $P(A)$으로 나타낸다. 즉,

$$P(A) = \{B \mid B \subseteq A\}$$

⟦ 예 ⟧ **3.10** $P(\{a\}) = \{\phi, \{a\}\}$
$P(\{a, b\}) = \{\phi, \{a\}, \{b\}, \{a, b\}\}$
$P(\phi) = \{\phi\}$
$P(\{\phi\}) = \{\phi, \{\phi\}\}$

⟦ 예 ⟧ **3.11** 모든 집합 A에 대해 $\phi \in P(A)$이고 $A \in P(A)$이다.

⟦ 예 ⟧ **3.12** $B \subseteq A \iff B \in P(A)$
$a \in A \iff \{a\} \subseteq A \iff \{a\} \in P(A)$.

정 리 **3.13** $|A| = n \Longrightarrow |P(A)| = 2^n$

증명. A의 부분집합 중 원소가

$$\begin{aligned} &0\text{개인 것} &:& \ {}_nC_0 \text{ 가지} \\ &1\text{개인 것} &:& \ {}_nC_1 \text{ 가지} \\ &2\text{개인 것} &:& \ {}_nC_2 \text{ 가지} \\ &\cdots \\ &n\text{개인 것} &:& \ {}_nC_n \text{ 가지} \end{aligned}$$

이므로 부분 집합 전체의 개수 $|P(A)|$는

$${}_nC_0 + {}_nC_1 + {}_nC_2 + \cdots + {}_nC_n = 2^n.$$

□

3.1 연습문제

1. 다음 집합의 포함관계를 알아보아라.

(a) $A = \{x^2 - 8x + 17 = 0$을 만족시키는 모든 실수 $x\}$

(b) $B = \{2, 4, 6\}$

(c) $C = \{2, 4, 6, 8, ...\}$

(d) $D = \{6\}$

2. 집합 $\{-1, 0, 1\}$의 부분집합을 모두 열거하여라.

3. $[(A \subseteq B) \wedge (B \subseteq A)] \iff (A = B)$임을 증명하여라.

4. $(A \subseteq \phi) \Longrightarrow (A = \phi)$임을 보여라.

5. 다음 사실이 성립함을 증명하여라.

   (a) $[(A \subsetneqq B) \wedge (B \subseteq C)] \Longrightarrow (A \subsetneqq C)$

   (b) $[(A \subseteq B) \wedge (B \subsetneqq C)] \Longrightarrow (A \subsetneqq C)$

6. 집합을 원소로 가지는 집합의 보기를 세 개만 들어라.

7. 다음 명제가 참인지 거짓인지를 정하여라. 그것이 참이면 증명을 하고 거짓이면 반례를 들어라.

   (a) $x \in A$이고 $A \in B$이면 $x \in B$

   (b) $A \subseteq B$이고 $B \in C$이면 $A \in C$

   (c) $A \not\subseteq B$이고 $B \subseteq C$이면 $A \not\subseteq C$

   (d) $A \not\subseteq B$이고 $B \not\subseteq C$이면 $A \not\subseteq C$

   (e) $x \in A$이고 $A \not\subseteq B$이면 $x \notin B$

   (f) $A \subseteq B$이고 $x \notin B$이면 $x \notin A$

8. $A \neq \phi$이면서 $A \subseteq B$와 $A \in B$가 동시에 성립하는 집합이 존재하는가? 만일 있다면 예를 들어라.

9. 원소가 n개인 주어진 집합에 대하여 r개의 원소를 지닌 부분집합의 개수는 $C(n, r)$임을 증명하여라.

10. 다음 집합을 원소나열법으로 나타내어라.

    (a) $A = \{x \in \mathbb{N} \mid x < 5\}$,

    (b) $B = \{x \in \mathbb{Z} \mid x^2 \leq 25\}$,

    (c) $C = \{x \in \mathbb{Q} \mid 10x^2 + 3x - 1 = 0\}$,

    (d) $D = \{x \in \mathbb{R} \mid x^3 + 1 = 0\}$,

    (e) $E = \{X \in \mathbb{R}^+ \mid 4x^2 - 4x - 1 = 0\}$

11. 다음 집합을 조건제시법으로 나타내어라.

    (a) $A = \{1, 2, 3\}$,

    (b) $B = \{-1, -\frac{2}{3}, -\frac{1}{3}, 0\}$,

    (c) $C = \{1, 3, 5, 7, 9....\}$,

    (d) $D = \{1 - \sqrt{3}, 1 + \sqrt{3}\}$

12. $A = \{r, s, t, u, v, w\}$, $B = \{u, v, w, x, y, z\}$, $C = \{s, u, y, z\}$, $D = \{u, v\}$,$E = \{s, u\}$와 $F = \{s\}$이라 하고 X를 어떤 집합이라 하자. 다음 사실이 성립하는 집합 X를 A, B, C, D, E, F 중에서 찾아라.

    (a) $X \subseteq A \wedge X \subseteq B$

    (b) $X \not\subseteq B \wedge X \subseteq C$

    (c) $X \not\subseteq A \wedge X \not\subseteq C$

    (d) $X \subseteq B \wedge X \not\subseteq C$

13. 집합 $\{x, \{y, z\}\}$의 멱집합을 원소나열법으로 나타내어라. 그 멱집합의 원소의 개수는 얼마인가?

14. 집합 A의 부분집합 B에 대하여 $P(A : B) = \{X \in P(A) \mid X \supseteq B\}$라 하자.

(a) $A = \{a, b, c, d, e\}, B = \{a, b\}$ 일 때 집합 $P(A : B)$를 원소나열법으로 나타내어라. 그 원소의 개수는 얼마인가?

(b) $P(A : \phi) = P(A)$임을 보여라.

15. 집합 A가 n개의 원소를 갖고 부분집합 B가 m 개$(n \geq m)$의 원소를 가질 때 집합 $P(A : B)$의 원소의 개수를 구하여라.

16. 정수 전체의 집합을 $\mathbb{Z}$, 양의 정수 전체의 집합을 $\mathbb{N}$으로 나타낼 때

$A = \{\frac{a}{b} \mid a \in \mathbb{Z},\ b \in \mathbb{N},\ m \in \mathbb{N},\ n \in \mathbb{N},\ 2 \nmid a,\ 5 \nmid a,\ b = 2^m 5^n\}$

는 어떤 집합을 나타내는가? 여기서 $b \nmid a$ 는 a가 b로 나누어 떨어지지 않음을 나타낸다.

17. 다음 집합에 포함되는 원소는 어떤 원소인가?

$F = \{f(x) \mid \exists K,\ a < x < b \Longrightarrow |f(x)| < K\}.$

제 2 절 합집합과 교집합

정 의 **3.14** $A \cup B = \{x \mid x \in A \vee x \in B\}$라 정의하며, 집합 A와 B의 합집합(union)이라 한다. 즉, $x \in A \cup B \equiv x \in A \vee x \in B$이다.

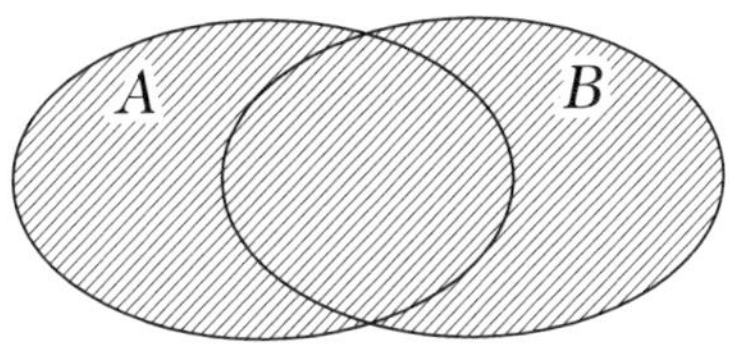

그림 1 $A \cup B$

⟦ 예 제 ⟧ 3.15 다음 두 명제가 동치임을 보여라.

$$[x \in A \cup B] \equiv [x \notin A \to x \in B]$$

풀이.

$$\begin{aligned} x \notin A \to x \in B &\equiv \sim (x \notin A) \vee x \in B && (3.1)\\ &\equiv \sim [\sim (x \in A)] \vee x \in B && (3.2)\\ &\equiv x \in A \vee x \in B && (3.3)\\ &\equiv x \in A \cup B && (3.4) \end{aligned}$$

참 고 **3.16** 앞으로는 증명의 과정에 자세한 이유를 표시하지 않으므로 위 예제와 같이 식번호가 주어졌을 때, 각각의 이유를 알아보면서 학습하기 바란다. (3.8의 증명 참고)

정 의 **3.17** $A \cap B = \{x \mid x \in A \wedge x \in B\}$라 정의하며, 집합 A와 B의 교집합(intersection)이라 한다. 즉, $x \in A \cap B \equiv x \in A \wedge x \in B$이다. $A \cap B = \phi$일 때 집합 A와 B는 서로소(disjoint)라 한다.

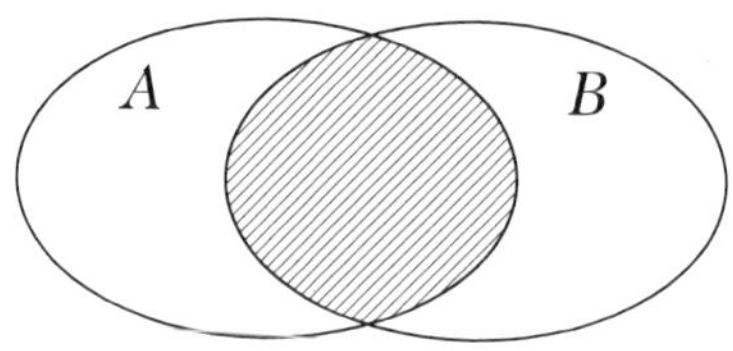

그림 2 $A \cap B$

⟦ 예 ⟧ **3.18** $A = \{1, 2, 3, 4\}$, $B = \{3, 4, 5\}$일 때,
$A \cup B = \{1, 2, 3, 4, 5\}$이고 $A \cap B = \{3, 4\}$이다.

⟦ 예 ⟧ **3.19** $U = \{x \mid x$는 지난 달 우리 정비소에 정비 의뢰한 자동차$\}$

$H = \{x \in U \mid x$는 H회사 제조 자동차$\}$

$D = \{x \in U \mid x$는 D회사 제조 자동차$\}$

$S = \{x \in U \mid x$는 배기량 1500cc 미만의 소형 자동차$\}$

라 하면

$H \cup D = \{x \in U \mid x$는 H회사 또는 D회사 제조 자동차$\}$,

$H \cap D = \phi$,

$H \cup S = \{x \in U \mid x$는 배기량 1500cc 미만의 소형차이거나 H회사 자동차$\}$,

$H \cap S = \{x \in U \mid x$는 배기량 1500cc 미만의 H회사 자동차$\}$ 가 된다.
특히 집합 H와 D는 서로소이다.

예를 들어 $x \in H \cap S$를 언어로 표시하면 "지난 달 우리 정비소에 정비 의뢰한 자동차 중 H회사에서 제조한 1500cc 미만의 소형 자동차" 가 될 것이다. 이 둘을 비교해 볼 때 언어로 나타내면 복잡한 개념도 수학적 기호를 사용해 나타내면 간단히 나타낼 수 있다는 사실을 알 수 있을 것이다. 이와 같이 수학적 기호로 간단히 내타낼 경우 그들 사이의 관계를 파악하는 일이 훨씬 수월해 진다.

⟦ 예 ⟧ 3.20

(1) $\mathbb{I} \cap \mathbb{Z} = \{0, 1\}$, $\mathbb{N} \cap \mathbb{I} = \{1\}$

(2) $\mathbb{Z} \cup \mathbb{Q} = \mathbb{Q}$, $\mathbb{Z} \cap \mathbb{Q} = \mathbb{Z}$

(3) $\mathbb{I} \cup \mathbb{I} = \mathbb{I}$, $\mathbb{I} \cap \mathbb{I} = \mathbb{I}$

정 리 **3.21** (1) 항등원(identity)

$A \cup \phi = A, \quad A \cap X = A$

(2) 멱등법칙(idempotent law)

$A \cup A = A, \quad A \cap A = A$

(3) 교환법칙(commutative law)

$A \cup B = B \cup A, \quad A \cap B = B \cap A$

(4) 결합법칙(associative law)

$A \cup (B \cup C) = (A \cup B) \cup C$

$A \cap (B \cap C) = (A \cap B) \cap C$

(5) 분배법칙(distributive law)

$A \cap (B \cup C) = (A \cap B) \cup (A \cap C)$

$A \cup (B \cap C) = (A \cup B) \cap (A \cup C)$

증명. (1)

$$\begin{aligned} A \cup \phi &= \{x \mid x \in A \vee x \in \phi\} && (3.5)\\ &= \{x \mid x \in A\} && (3.6)\\ &= A && (3.7) \end{aligned}$$

(2)

$$\begin{aligned} A \cup A &= \{x \mid x \in A \vee x \in A\} && (3.8)\\ &= \{x \mid x \in A\} && (3.9)\\ &= A && (3.10) \end{aligned}$$

(3), (4), (5) 생략

(5) 의 관계를 벤-다이어그램으로 표시하면 아래와 같다.

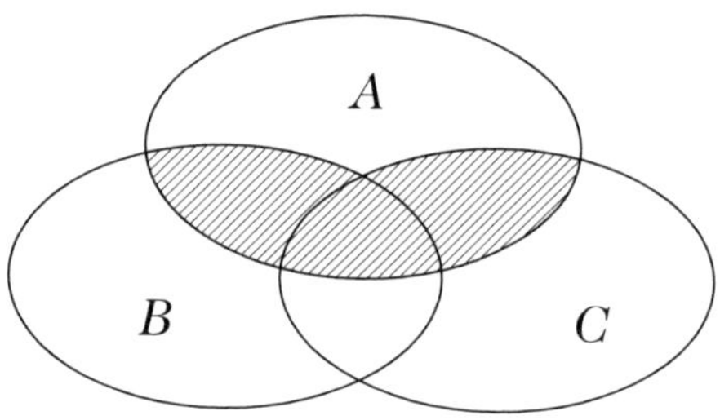

그림 3

□

3.2 연습문제

1. 정리 3.21을 증명하여라.

2. $A \subseteq B \iff A \cup B = B$임을 증명하여라.

3. $A \subseteq B \iff A \cap B = A$임을 증명하여라.

4. 다음을 증명하여라.

   (a) $(A \subseteq C) \wedge (B \subseteq C) \Longrightarrow (A \cup B) \subseteq C$.

   (b) $(A \subseteq B) \wedge (A \subseteq C) \Longrightarrow A \subseteq (B \cap C)$.

5. $(A \cap B) \cup C = A \cap (B \cup C) \iff C \subseteq A$임을 증명하여라.

6. $A \subseteq B \iff P(A) \subseteq P(B)$임을 증명하여라.

7. $A \cup B = A \cap B \iff A = B$ 임을 증명하여라.

8. (a) $A \cap B = A \cap C \Longrightarrow B = C$가 성립하는지 알아보아라.

   (b) $A \cup B = A \cup C \Longrightarrow B = C$가 성립하는지 알아보아라.

9. 모든 집합 A에 대해 $A \cap B = A \cap C$가 성립하면 $B = C$임을 보여라.

10. 임의의 집합 C에 대하여 $A \subseteq B$ 이면 $A \cup C \subseteq B \cup C$이고, $A \cap C \subseteq B \cap C$이 됨을 증명하여라.

11. $A \subseteq C$이고 $B \subseteq D$ 이면 $A \cup B \subseteq C \cup D$임을 증명하여라.

12. $A \cup B = M \cup N$, $A \cap N = \phi$ $B \cap M = \phi$이면 $A = M$, $B = N$ 임을 증명하여라.

제 3 절 차집합

정 의 **3.22** $A - B = \{x \mid x \in A \land x \notin B\} = \{x \in A \mid x \notin B\}$, 집합 A에서 B를 뺀 **차집합**(difference)이라 한다. 어떤 전체 집합 U가 있을 때, $U - A$를 집합 A의 **여집합**(complement)이라 하고 A' 또는 A^c로 나타낸다.

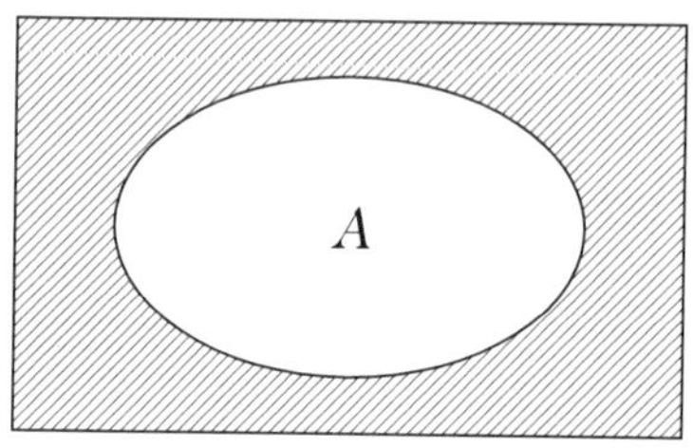

그림 4 A^c

[[예]] 3.23 $U = \{x \mid x$는 지난 달에 우리 정비소에 정비 의뢰한 자동차$\}$
$H = \{x \in U \mid x$는 H회사 제조 자동차$\}$
$S = \{x \in U \mid x$는 배기량 1500cc 미만의 소형 자동차$\}$
라 하면
$H - S = \{x \in U \mid x$는 H회사 제조 자동차 중 배기량
1500cc 이상의 자동차$\}$,
$S - H = \{x \in U \mid x$는 배기량 1500cc 미만의 H회사 제품이 아닌 자동차$\}$,
$H^c = \{x \in U \mid x$는 H회사 제품이 아닌 자동차$\}$,
$S^c = \{x \in U \mid x$는 배기량 1500cc 이상의 자동차$\}$가 된다.

[[예 제]] 3.24 $A - B = A \cap B^c$

풀이.

$$
\begin{aligned}
A - B &= \{x \mid x \in A \land x \notin B\} && (3.11)\\
&= \{x \mid x \in A \land x \in B^c\} && (3.12)\\
&= A \cap B^c && (3.13)
\end{aligned}
$$

정 리 3.25 (1) $(A^c)^c = A$
(2) $\phi^c = U, \quad U^c = \phi$
(3) $A \cap A^c = \phi, \quad A \cup A^c = U$
(4) $A \subseteq B \iff B^c \subseteq A^c$

증명. (3) 분명히 $\phi \subseteq A \cap A^c$이다.
이제 $A \cap A^c \subseteq \phi$을 보이면 된다.

$$
\begin{aligned}
x \in A \cap A^c &\implies x \in A \land x \in A^c && (3.14)\\
&\implies x \in A \land x \notin A && (3.15)\\
&\implies x \in \phi && (3.16)
\end{aligned}
$$

가정이 모순이면 모든 명제가 성립한다.
(4)

$$
\begin{aligned}
A \subseteq B &\equiv [x \in A \to x \in B] && (3.17)\\
&\equiv [x \notin B \to x \notin A] && (3.18)\\
&\equiv [x \in B^c \to x \in A^c] && (3.19)\\
&\equiv B^c \subseteq A^c && (3.20)
\end{aligned}
$$

□

정 리 3.26 [드모르간 정리(De Morgan's Theorem)]

(1) $(A \cup B)^c = A^c \cap B^c$

(2) $(A \cap B)^c = A^c \cup B^c$

증명. (1)

$$
\begin{aligned}
x \in (A \cup B)^c &\equiv \sim [x \in A \cup B] && (3.21)\\
&\equiv \sim [x \in A \vee x \in B] && (3.22)\\
&\equiv \sim (x \in A) \wedge \sim (x \in B) && (3.23)\\
&\equiv x \in A^c \wedge x \in B^c && (3.24)\\
&\equiv x \in (A^c \cap B^c) && (3.25)
\end{aligned}
$$

$\therefore (A \cup B)^c = A^c \cap B^c$ □

⟦ 예 ⟧ 3.27 $U = \{x \mid x$는 지난 달 우리 정비소에서 정비한 자동차$\}$
$H = \{x \in U \mid x$는 H회사 제조 자동차$\}$
$S = \{x \in U \mid x$는 배기량 1500cc 미만의 소형 자동차$\}$
라 하면
$(H \cup S)^c = \{x \in U \mid x$는 소형 자동차이거나 H회사 제조 자동차$\}^c$
의 집합의 의미를 곧장 알아보기 힘들지만
$H^c = \{x \in U \mid x$는 H회사 제품이 아닌 자동차$\}$,
$S^c = \{x \in U \mid x$는 배기량 1500cc 이상의 자동차$\}$.
따라서 De Morgan 법칙에 의해
$(H \cup S)^c = H^c \cap S^c$
$= \{x \in U \mid x$는 배기량 1500cc 이상의 H사 제품이 아닌 자동차$\}$
가 되어 의미를 금방 파악하게 된다.

⟦ 예 제 ⟧ **3.28** $A \cap (B - C) = (A \cap B) - (A \cap C)$

풀이.

$$
\begin{aligned}
(A \cap B) - (A \cap C) &= (A \cap B) \cap (A \cap C)^c && (3.26)\\
&= (A \cap B) \cap (A^c \cup C^c) && (3.27)\\
&= [(A \cap B) \cap A^c] \cup [(A \cap B) \cap C^c] && (3.28)\\
&= [A \cap (B \cap A^c)] \cup [A \cap (B \cap C^c)] && (3.29)\\
&= [A \cap (A^c \cap B)] \cup [A \cap (B \cap C^c)] && (3.30)\\
&= [(A \cap A^c) \cap B] \cup [A \cap (B \cap C^c)] && (3.31)\\
&= [\phi \cap B] \cup [A \cap (B \cap C^c)] && (3.32)\\
&= \phi \cup [A \cap (B \cap C^c)] && (3.33)\\
&= A \cap (B \cap C^c) && (3.34)\\
&= A \cap (B - C) && (3.35)
\end{aligned}
$$

3.3 연습문제

1. $A - A = \phi$임을 증명하여라.

2. $A - \phi = A$임을 증명하여라.

3. $A \subseteq B^c \Longrightarrow B \subseteq A^c$임을 증명하여라.

4. 임의의 집합 A, B에 대하여 $A - B = A - (B \cap A)$임을 증명하여라.

5. 임의의 집합 A, B에 대하여 $A \cap B^c = \phi$일 때만 $A \subseteq B$임을 증명하여라.

6. 임의의 집합 A, B에 대하여 $A \subseteq B^c \iff B \subseteq A^c \iff A \cap B = \phi$임을 증명하라.

7. 임의의 집합 A, B에 대하여 $B \subseteq A$일 때만 $(A - B) \cup B = A$임을 증명하여라.

8. 임의의 세 집합 A, B, C에 대하여 다음 사실이 성립함을 증명하여라.

   (a) $(A - C) \cup (B - C) = (A \cup B) - C$

   (b) $(A - C) \cap (B - C) = (A \cap B) - C$

9. $A \subseteq B \Longrightarrow B - (B - A) = A$임을 증명하여라.

10. $A - (B - C) = A \cap (B^c \cup C)$임을 증명하여라.

11. $A - (B - C) = (A - B) \cup C$가 성립하는지 알아보아라.

12. 임의의 두 집합 A, B에 대하여 A와 $B - A$는 서로소이고, $A \cup B = A \cup (B - A)$임을 증명하여라.

13. 임의의 세 집합 A, B, C에 대하여 다음 사실이 성립함을 증명하여라.

    (a) $(A \cap B \cap C)^c = A^c \cup B^c \cup C^c$

    (b) $(A \cup B \cup C)^c = A^c \cap B^c \cap C^c$

    (c) 이 결과를 n개의 집합에 대해 일반화 하여라.

14. 임의의 집합 A, B에 대하여 다음을 증명하거나 아니면 반례를 들어라.

    (a) $P(A) \cap P(B) = P(A \cap B)$

    (b) $P(A) \cup P(B) = P(A \cup B)$

15. 세 집합 A, B, C에 대하여 $A \subseteq C,\ B \subseteq C,\ A \cup B = C,\ A \cap B = \phi$이면 $A = C - B$임을 증명하여라.

16. 임의의 두 집합 A, B에 대하여 다음 사실이 성립함을 증명하여라.

    $(A - B) \cup (B - A) = (A \cup B) - (A \cap B)$

17. $A - B = M - N$ 이면 $A \cup N = B \cup M$ 라 할 수 있는가?

18. $A \subseteq B \subseteq C \Longrightarrow (C - B) \cup (B - A) = C - A$임을 밝혀라.

19. $A \cup B$는 서로 소인 두 개의 집합 A와 $A^c \cap B$의 합집합으로 표현할 수가 있다. 세 개의 합집합 $A \cup B \cup C$에 대해서 어떻게 나타나는가? n개이면 어떻게 되는가?

20. $A \cup B \neq \phi \Longrightarrow A \neq \phi \vee B \neq \phi$를 증명하여라.

21. $A \cap B \neq \phi \Longrightarrow A \neq \phi \wedge B \neq \phi$를 증명하여라.

22. 모든 집합 A에 대해 $A \neq A^c$임을 증명하여라.

23. $(A \cup B) - (A \cap B) = \phi \iff A = B$임을 증명하여라.

제 4 절 집합족

집합들을 모아 놓은 모임을 **집합족**(family of sets)이라 부르는데, 집합족은 원소가 같아도 모두 나열하는 모임이다. 예를 들어 집합족 $\{A, A, A\}$는 원소가 세 개인 모임을 뜻하지만 집합 $\{A, A, A\}$는 원소가 한 개인 집합 $\{A\}$를 뜻한다.

정 의 3.29 집합 Γ의 각 원소 $\gamma \in \Gamma$에 대해 집합 A_γ가 대응될 때, 모든 A_γ를 모아 놓은 집합족

$$\{A_\gamma \mid \gamma \in \Gamma\}$$

을 Γ에 의해 첨수가 매겨진 **첨수집합족**(indexed family of sets)이라 하고 집합 Γ를 **첨수집합**(index set)이라 한다.

⟦ 예 ⟧ **3.30** $\phi, \mathbb{N}, \mathbb{Z}, \mathbb{Q}, \mathbb{R}, \mathbb{R}$의 집합족 $\mathcal{F}$에 대해 index을 붙여보자.
$\mathcal{F} = \{\phi, \mathbb{N}, \mathbb{Z}, \mathbb{Q}, \mathbb{R}\}$,
$\Gamma = \{1, 2, 3, 4, 5, 6\}$이라 놓고
$f : \Gamma \to \mathcal{F}$를 아래와 같은 함수로 정의하자.

$$f(1) = \phi = A_1$$

$$f(2) = \mathbb{N} = A_2$$

$$f(3) = \mathbb{Z} = A_3$$

$$f(4) = \mathbb{Q} = A_4$$

$$f(5) = \mathbb{R} = A_5$$

$$f(6) = \mathbb{R} = A_6$$

따라서 $\mathcal{F}$는 $\{A_1, A_2, A_3, A_4, A_5, A_6\}$와 같이 첨수집합족으로 나타낼 수 있다.

정 의 **3.31** 집합족 $\mathcal{F}$에 대해 **합집합**(union)과 **교집합**(intersection)을 아래와 같이 정의한다.

$$\begin{aligned}\bigcup \mathcal{F} &= \bigcup \{A \mid A \in \mathcal{F}\} = \bigcup_{A\in\mathcal{F}} A \\ &= \{x \mid \exists A \in \mathcal{F}, x \in A\} \\ \bigcap \mathcal{F} &= \bigcap \{A \mid A \in \mathcal{F}\} = \bigcap_{A\in\mathcal{F}} A \\ &= \{x \mid \forall A \in \mathcal{F}, x \in A\}\end{aligned}$$

참 고 **3.32** $\mathcal{F}$: 첨수집합족

$$\begin{aligned}\bigcup \mathcal{F} &= \bigcup_{\gamma\in\Gamma} A_\gamma = \bigcup \{A_\gamma \mid \gamma \in \Gamma\} = \{x \mid \exists\gamma \in \Gamma, x \in A_\gamma\} \\ \bigcap \mathcal{F} &= \bigcap_{\gamma\in\Gamma} A_\gamma = \bigcap \{A_\gamma \mid \gamma \in \Gamma\} = \{x \mid \forall\gamma \in \Gamma, x \in A_\gamma\}\end{aligned}$$

참 고 **3.33** $\Gamma = \{1, 2, \ldots, n\}$과 같이 유한집합일 경우는

$$\bigcup_{\gamma\in\Gamma} A_\gamma = \bigcup_{i=1}^{n} A_i = A_1 \cup A_2 \cup \cdots \cup A_n \tag{3.36}$$

$$\bigcap_{\gamma\in\Gamma} A_\gamma = \bigcap_{i=1}^{n} A_i = A_1 \cap A_2 \cap \cdots \cap A_n \tag{3.37}$$

으로 간단히 나타낸다.

⟦ 예 ⟧ **3.34** $\mathcal{F} = \{A, B, C\}$이고
$A = \{1, 2, 3\}, B = \{1, 3, 4\}, C = \{1, 2, 4\}$라 하면,
$\bigcup \mathcal{F} = \bigcup_{F\in\mathcal{F}} F = \{1, 2, 3, 4\}$이고
$\bigcap \mathcal{F} = \bigcap_{F\in\mathcal{F}} F = \{1\}$이다.

⟦ 예 ⟧ **3.35** $A_1 = \{1,2,3,4\}, A_2 = \{1,2,4,6,8\}$,
$A_3 = \{1,3,6,9\}, A_4 = \{1,4,8\}$이고 $F = \{1,2,3,4\}$라 하면,
$\bigcup_{i\in F} A_i = \bigcup_{i=1}^{4} A_i = \{1,2,3,4,6,8,9\}$이고
$\bigcap_{i\in F} A_i = \bigcap_{i=1}^{4} A_i = \{1\}$이다.

⟦ 예 ⟧ **3.36** $\bigcup\{A,B,C\} = A\cup B\cup C$이고
$\bigcup\{\{a,b,c\},\{c,d,e\}\} = \{a,b,c\}\cup\{c,d,e\} = \{a,b,c,d,e\}$이다.

⟦ 예 ⟧ **3.37** $\bigcup\{A_1,A_2,\ldots,A_n\} = A_1\cup A_2\cup\cdots\cup A_n$이다.

⟦ 예 ⟧ **3.38** 모든 집합 A에 대해
$A = \bigcup\{\{a\} \mid a\in A\} = \bigcup_{a\in A}\{a\}$이고,
$A = \bigcup\{B \mid B\in P(A)\} = \bigcup_{B\in P(A)} B$이다.

⟦ 예 ⟧ **3.39** $\bigcup P(\phi) = \bigcup\{\phi\} = \phi$,
$\bigcup P(P(\phi)) = \bigcup\{\phi,\{\phi\}\} = \phi\cup\{\phi\} = \{\phi\}$,
$\bigcup P(P(P(\phi))) = \bigcup\{\phi,\{\phi\},\{\{\phi\}\},\{\phi,\{\phi\}\}\}$
$= \phi\cup\{\phi\}\cup\{\{\phi\}\}\cup\{\phi,\{\phi\}\} = \{\phi,\{\phi\}\}$.

⟦ 예 ⟧ **3.40** $A_1 = \{x \mid 1\le x\le 1+1\}$,
$A_2 = \{x \mid 1\le x\le 1+\frac{1}{2}\}$,
$\cdots$
$A_n = \{x \mid 1\le x\le 1+\frac{1}{n}\}$이고
$F = \{1,2,\ldots,n\}$이라 하자. 그러면
$\bigcup_{i=1}^{n} A_i = \bigcup_{i\in F} A_i = A_1$이고
$\bigcap_{i=1}^{n} A_i = \bigcap_{i\in F} A_i = A_n$이다.

⟦ 예 ⟧ **3.41** $A_1 = \{x \mid -1\le x\le 1\}$,
$A_2 = \{x \mid -2\le x\le 2\}$,

...
$A_n = \{x \mid -n \leq x \leq n\}$이고
$N = \{1, 2, 3, \dots\}$이라 하자. 그러면
$\bigcup_{i\in N} A_i = \bigcup_{i=1}^{\infty} A_i = \mathbb{R}$이고
$\bigcap_{i\in N} A_i = \bigcap_{i=1}^{\infty} A_i = A_1 = [-1, 1]$이다.

⟦ 예 ⟧ 3.42 모든 양의 실수 $r \in \mathbb{R}^+$에 대해,
$A_r = \{x \mid -r \leq x \leq r\}$이라 하자. 그러면
$\bigcup_{r\in\mathbb{R}} A_r = \mathbb{R}$이고
$\bigcap_{r\in\mathbb{R}} A_r = \{0\}$이다.

⟦ 예 제 ⟧ 3.43 아래 개구간들의 교집합을 구하여라.

$$(0, 1), (0, \frac{1}{2}), (0, \frac{1}{3}) \dots$$

풀이. $N = \{1, 2, 3, 4, \dots\}$, $A_n = (0, \frac{1}{n})$놓으면 주어진 집합족은
$\{A_n \mid n \in N\}$가 된다.
따라서 $\bigcap_{n\in N} A_n = \bigcap_{n=1}^{\infty} A_n = \phi$이다.

> $(\because)$ 아니라고 가정하면
> $\exists x \in \bigcap_{n\in N}(0, \frac{1}{n})$이다.
> 그러면 $\forall n \in N,\ x \in (0, \frac{1}{n})$.
> 따라서 $\forall n \in N,\ 0 < x < \frac{1}{n}$.
> 이것은 모순이다.
> 따라서 $\bigcap_{n=1}^{\infty}(0, \frac{1}{n}) = \phi$이다.

⟦ 예 제 ⟧ 3.44 다음 두 명제가 동치임을 보여라.

$$\left[x \in A \cup (\bigcup_{\gamma\in\Gamma} B_\gamma)\right] \equiv \left[x \notin (\bigcup_{\gamma\in\Gamma} B_\gamma) \to x \in A\right]$$

풀이. 앞 장의 정리 1.49을 사용하여 보일 수 있다.

$$
\begin{aligned}
x \notin (\bigcup_{\gamma\in\Gamma} B_\gamma) \to x \in A &\equiv [(\forall\gamma)(x \notin B_\gamma)] \to x \in A && (3.38)\\
&\equiv (\exists\gamma)[x \notin B_\gamma \to x \in A] && (3.39)\\
&\equiv (\exists\gamma)[x \in B_\gamma \lor x \in A] && (3.40)\\
&\equiv (\exists\gamma)[x \in B_\gamma \cup A] && (3.41)\\
&\equiv x \in \bigcup_{\gamma\in\Gamma}(B_\gamma \cup A) && (3.42)\\
&\equiv x \in (\bigcup_{\gamma\in\Gamma} B_\gamma) \cup A && (3.43)\\
&\equiv x \in A \cup (\bigcup_{\gamma\in\Gamma} B_\gamma) && (3.44)
\end{aligned}
$$

정 리 3.45 $\{A_\gamma \mid \gamma \in \phi\}$일 경우

(1) $\bigcup_{\gamma\in\phi} A_\gamma = \phi$

(2) $\bigcap_{\gamma\in\phi} A_\gamma = U$

증명. (1)

$$
\begin{aligned}
x \notin \bigcup_{\gamma\in\phi} A_\gamma &\equiv \sim [x \in \bigcup_{\gamma\in\phi} A_\gamma] && (3.45)\\
&\equiv \sim [(\exists\gamma \in \phi)(x \in A_\gamma)] && (3.46)\\
&\equiv (\forall\gamma \in \phi)(x \notin A_\gamma) && (3.47)\\
&\equiv [\gamma \in \phi \to x \notin A_\gamma] : && (3.48)
\end{aligned}
$$

$\therefore \forall x \in U, \quad x \notin \bigcup_{\gamma\in\phi} A_\gamma$

$\therefore \bigcup_{\gamma\in\phi} A_\gamma = \phi$

(2)

$$x \in \bigcap_{\gamma \in \phi} A_\gamma \equiv [\forall \gamma \in \phi,\ x \in A_\gamma] \tag{3.49}$$

$$\equiv [\gamma \in \phi \to x \in A_\gamma]: \tag{3.50}$$

$\therefore \forall x \in U, x \in \bigcap_{\gamma \in \phi} A_\gamma$

$\therefore \bigcap_{\gamma \in \phi} A_\gamma = U$ □

[예 제] 3.46 $\{A_i\}_{i \in I}$를 첨수 집합족이라 하면 다음 사실이 성립한다.

(1) $A_i \subseteq B,\ \forall i \in I \Longrightarrow \bigcup_{i \in I} A_i \subseteq B.$

(2) $B \subseteq A_i,\ \forall i \in I \Longrightarrow B \subseteq \bigcap_{i \in I} A_i.$

풀이. (1) $x \in \bigcup_{i \in I} A_i$

$\Longrightarrow \exists j \in I, x \in A_j$

$\Longrightarrow x \in B \quad (\because A_j \subseteq B)$

$\therefore \bigcup_{i \in I} A_i \subseteq B.$

(2) 생략

정 리 **3.47** [드모르간 정리(De Morgan's Theorem)]

$\{A_\gamma \mid \gamma \in \Gamma\}$가 집합족일 때 아래 사실이 성립한다.

(1) $(\bigcup_{\gamma \in \Gamma} A_\gamma)^c = \bigcap_{\gamma \in \Gamma} (A_\gamma)^c$

(2) $(\bigcap_{\gamma \in \Gamma} A_\gamma)^c = \bigcup_{\gamma \in \Gamma} (A_\gamma)^c$

증명. (1)

$$x \in (\bigcup_{\gamma\in\Gamma} A_\gamma)^c \equiv x \notin \bigcup_{\gamma\in\Gamma} A_\gamma \quad (3.51)$$

$$\equiv \sim [x \in \bigcup_{\gamma\in\Gamma} A_\gamma] \quad (3.52)$$

$$\equiv \sim [(\exists\gamma \in \Gamma)(x \in A_\gamma)] \quad (3.53)$$

$$\equiv (\forall\gamma \in \Gamma)(x \notin A_\gamma) \quad (3.54)$$

$$\equiv (\forall\gamma \in \Gamma)(x \in A_\gamma^c) \quad (3.55)$$

$$\equiv x \in \bigcap_{\gamma\in\Gamma} A_\gamma^c \quad (3.56)$$

(2)

$$x \in (\bigcap_{\gamma\in\ \Gamma} A_\gamma)^c \equiv x \notin \bigcap_{\gamma\in\Gamma} A_\gamma \quad (3.57)$$

$$\equiv \sim [x \in \bigcap_{\gamma\in\ \Gamma} A_\gamma] \quad (3.58)$$

$$\equiv \sim [(\forall\gamma \in \Gamma)(x \in A_\gamma)] \quad (3.59)$$

$$\equiv (\exists\gamma \in \Gamma)(x \notin A_\gamma) \quad (3.60)$$

$$\equiv (\exists\gamma \in \Gamma)(x \in {A_\gamma}^c) \quad (3.61)$$

$$\equiv x \in \bigcup_{\gamma\in\Gamma} {A_\gamma}^c \quad (3.62)$$

□

정 리 **3.48** [분배법칙(distributive law)]
$\mathcal{F} = \{B_\gamma \mid \gamma \in \Gamma\}$: 집합족

(1) $A \cap (\bigcup_{\gamma\in\Gamma} B_\gamma) = \bigcup_{\gamma\in\Gamma}(A \cap B_\gamma)$

(2) $A \cup (\bigcap_{\gamma\in\Gamma} B_\gamma) = \bigcap_{\gamma\in\Gamma}(A \cup B_\gamma)$

증명. (1)

$$x \in A \cap (\bigcup_{\gamma\in\Gamma} B_\gamma) \equiv (x \in A) \wedge (x \in \bigcup_{\gamma\in\Gamma} B_\gamma) \tag{3.63}$$

$$\equiv (x \in A) \wedge (\exists\gamma \in \Gamma, x \in B_\gamma) \tag{3.64}$$

$$\equiv (\exists\gamma \in \Gamma)(x \in A \wedge x \in B_\gamma) \tag{3.65}$$

$$\equiv (\exists\gamma \in \Gamma)(x \in A \cap B_\gamma) \tag{3.66}$$

$$\equiv x \in \bigcup_{\gamma\in\Gamma} (A \cap B_\gamma) \tag{3.67}$$

□

3.4 연습문제

1. $\Gamma = \{1, 2, 3, 4\}$, $A_1 = \{a, b, c, d\}$, $A_2 = \{b, c, d\}$, $A_3 = \{a, b, c\}$, $A_4 = \{a, b\}$에 대하여 다음을 구하여라.

   (a) $\bigcup_{i=1}^{4} A_i$

   (b) $\bigcap_{i=1}^{4} A_i$

2. 임의의 두 실수 a, b에 대하여 폐구간 $[a, b]$는 집합 $\{x \in \mathbb{R} \mid a \leq x \leq b\}$을 뜻한다. 여기서 $a > b$ 이면 $[a, b] = \phi$ 으로 정한다. 다음 집합을 구하여라.

   (a) $\bigcap_{n\in\mathbb{N}}[0, \frac{1}{n}]$

   (b) $\bigcup_{n\in\mathbb{N}}[0, \frac{1}{n}]$

   (c) $\bigcap_{n=1}^{99}[0, \frac{1}{n}]$

3. $A_n = \{x \mid 1 \leq x \leq 1 + \frac{1}{n}\}$이고 $F = \{1, 2, \cdots, p\}$일 때 아래 집합을 구하여라.

   (a) $\bigcup_{i\in F} A_i$

   (b) $\bigcap_{i\in F} A_i$

4. $A_n = \{x \mid n \leq x\}$일 때 아래 집합을 구하여라.

   (a) $\bigcup_{i=1}^{n} A_i$

   (b) $\bigcap_{i=1}^{n} A_i$

   (c) $\bigcup_{i=1}^{\infty} A_i$

   (d) $\bigcap_{i=1}^{\infty} A_i$

5. $A_r = \{x \mid r \leq x\}$일 때 아래 집합을 구하여라.

   (a) $\bigcup_{r\in\mathbb{R}} A_r$

   (b) $\bigcap_{r\in\mathbb{R}} A_r$

6. $A_2 = \{0, 2, 4, 6, \cdots\}$,
   $A_3 = \{0, 3, 6, 9, \cdots\}$,
   $\cdots$
   $A_n = \{0, n, 2n, 3n, \cdots\}$일 때 아래 집합을 구하여라.

   (a) $A_2 \cap A_3$

   (b) $A_5 \cap A_6$

   (c) $\bigcup_{i=1}^{\infty} A_i$

   (d) $\bigcap_{i=1}^{\infty} A_i$

7. 다음 (a)는 교집합들의 합집합으로, (b)는 합집합들의 교집합으로 각각 전개하여라.

   (a) $(A_1 \cup A_2) \cap (B_1 \cup B_2 \cup B_3)$

   (b) $(A_1 \cap A_2) \cup (B_1 \cap B_2 \cap B_3)$

8. 다음 (a)는 교집합들의 합집합으로, (b)는 합집합들의 교집합으로 각각 전개하여라.

   (a) $(\bigcup_{i=1}^{m} A_i) \cap (\bigcup_{j=1}^{n} B_j)$

   (b) $(\bigcap_{i=1}^{m} A_i) \cup ((\bigcap_{j=1}^{n} B_j)$

9. 임의의 두 집합족 $\{A_\gamma \mid \gamma \in \Gamma\}$와 $\{B_\delta \mid \delta \in \Delta\}$에 대하여 다음 (a)는 교집합들의 합집합으로 (b)는 합집합들의 교집합으로 각각 전개하여라.

   (a) $(\bigcup_{\gamma\in\Gamma} A_\gamma) \cap (\bigcup_{\delta\in\Delta} B_\delta)$

   (b) $(\bigcap_{\gamma\in\Gamma} A_\gamma) \cup (\bigcap_{\delta\in\Delta} B_\delta)$

10. 모든 $n \in \mathbb{N}$에 대해 $A_n \subsetneq B_n$일 때 아래 사실이 성립하는지 알아보아라.

   (a) $(\bigcup_{i\in\mathbb{N}} A_i) \subsetneq (\bigcup_{j\in\mathbb{N}} B_j)$

   (b) $(\bigcap_{i\in\mathbb{N}} A_i) \subsetneq (\bigcap_{j\in\mathbb{N}} B_j)$

11. 모든 $n \in \mathbb{N}$에 대해 $A_n \neq \phi$, $A_n \supseteq A_{n+1}$일 때 아래 사실이 성립하는지 알아보아라.

   (a) $\bigcup_{i\in\mathbb{N}} A_i \neq \phi$

   (b) $\bigcap_{i\in\mathbb{N}} A_i \neq \phi$

제 5 절 러셀의 패러독스

러셀(Russell)이 1902년 유명한 패러독스(paradox)를 만들어 냄으로써, Cantor가 제안한 집합의 개념에 문제가 있음을 지적하였고, 이런 모순을 제거하기 위하여 공리적 집합론(axiomatic set theory)에 대한 연구가 시작되었다.

정 리 **3.49** [러셀의 패러독스(Russell Paradox)]
모든 집합을 모아 놓은 집합이 존재한다고 하면 모순이 생긴다.

증명. 위 주장이 성립하지 않는다고 가정하자.
그러면 모든 집합을 모아놓은 집합 U가 존재한다.
이제 $R = \{S \in U \mid S \notin S\}$인 집합을 생각하자.
그러면 다음과 같은 두 가지 사실이 성립한다.
(1) $R \notin R$

($\because$) 만일 $R \in R$이면
R의 정의에 의해 $R \notin R$이다.
이것은 모순이다.
따라서 $R \notin R$이다.

(2) $R \in R$

($\because$) 만일 $R \notin R$이면
R의 정의에 의해 $R \in R$이다.
이것은 모순이다.
따라서 $R \in R$이다.

모든 집합을 모아놓은 집합 U가 존재하면 (1) 과 (2) 모두 성립한다. 이것은 모순이다. 따라서 모든 집합을 모아 놓은 집합 U는 존재하지 않는다. □

3.5 연습문제

1. 어떤 마을의 이발사가 "나는 자기 스스로 면도를 할 수 없는 사람들만 면도를 해준다" 고 했을 때 이 이발사는 스스로 면도를 할 것인가하는 "이발사의 패러독스(barber's paradox)"에 대해 그 문제점을 분석하여라.

2. "내가 지금 하는 말은 거짓말이다"라는 명제가 참인가 하는 "거짓말쟁이 패러독스(liar's paradox)"의 문제점을 분석하여라.

3. 아킬레스가 거북을 따라 잡을 수 없다고 하는 "제논의 패러독스(Zeno Paradox)"를 조사하고 그 문제점을 분석하여라.

4. 기타 수학과 관련된 패러독스를 2가지 이상 조사하고 그 문제점을 분석하여라.

제 6 절 공리적 집합론

앞 절에서 살펴본 바와 같이 Cantor의 집합의 정의는 "모든 집합들의 모임"이라는 집합의 존재성을 부인하지 않기 때문에 모순을 유도한다. 이러한 모순을 없애기 위해 많은 수학자들이 노력을 한 결과 공리계의 도입이 필요하다는 것을 알게 되었다.

공리계(axiomatic system)란 모두가 알고 있다고 가정하는 몇 개의 **무정의 용어**(undefined term)와 기본 규칙이 되는 몇 개의 **공리**(axiom)로 이루어진 수학적 체계를 말한다.

대표적인 공리적 집합론은 1908년 Zermelo가 제안한 공리계로서 1922년 이를 Skolem 과 Fraenkel이 개선한 ZF공리계와, 1925년 von Neumann이 제안하고 Bernays 와 Gödel이 개선한 NBG 공리계가 있다. NBG공리계에 대한 소개는 Dugundji의 'Topology' 1장 8절이나, Hamilton의 'Numbers, Sets and Axioms'의 4장 4절을 참조하기 바라며, 여기서는 ZF공리계에 대해 소개하기로 한다.

ZF 공리계에서는 "집합", "속한다", "원소가 같다"라는 세 가지 개념을 무정의 용어로 받아들이고 몇 개의 공리를 가지고 집합론을 구성한다. 실제로 ZF공리계는 논리식으로 주어졌지만 이들 공리를 알기 쉬운 형태로 나타내면 아래와 같다.

(ZF1) **확장의 공리**(axiom of extension): 두 집합의 원소가 모두 같으면 두 집합은 같다.

(ZF2) **공집합의 공리**(axiom of the empty set): 원소를 하나도 가지지 않는 집합이 존재한다.

(ZF3) **쌍의 공리**(axiom of pairing): A와 B가 집합이면 $\{A, B\}$도 집합이다.

(ZF4) **합집합의 공리**(axiom of union): $\mathcal{F}$가 집합족이면 $\cup\mathcal{F}$도 집합이다.

(ZF5) 멱의 공리(axiom of power): A가 집합이면 멱집합 $P(A)$도 집합이다.

(ZF6) 분류공리(axiom of specification): A가 집합이고 $p(x)$가 명제함수이면 $p(x)$가 참이 되는 A의 원소 x를 모두 모아 놓은 집합 $\{x \in A \mid p(x)\}$가 존재한다.

(ZF7) 무한 공리(axiom of infinity): 무한집합이 존재한다.

(ZF8) 정칙성의 공리(axiom of regularity): 공집합이 아닌 집합 X는 X와 서로소인 원소를 포함한다.

(AC) 선택공리(axiom of choice): 공집합이 아닌 모든 집합은 선택함수를 가진다.

예를 들어 공집합의 공리(ZF2)에 의해 공집합 ϕ이 집합이라는 사실을 알 수 있다.
멱의 공리(ZF5)를 사용하면 공집합의 멱집합 $P(\phi) = \{\phi\}$가 집합이 된다.
멱의 공리(ZF5)를 사용하면 $\{\phi\}$의 멱집합 $\{\phi, \{\phi\}\}$가 집합이 된다.
멱의 공리(ZF5)를 사용하면 $\{\phi, \{\phi\}\}$의 멱집합 $\{\phi, \{\phi\}, \{\{\phi\}\}, \{\phi, \{\phi\}\}\}$가 집합이 된다.
분류공리(ZF6)를 사용하면 $A = \{\phi, \{\phi\}, \{\{\phi\}\}, \{\phi, \{\phi\}\}\}$가 집합이므로 $\{x \in A \mid x \neq \phi\} = \{\{\phi\}, \{\{\phi\}\}, \{\phi, \{\phi\}\}\}$도 집합이 된다.

이와 같은 과정을 계속하면 원소가 0개인 집합, 1개인 집합, 2개인 집합, 3개인 집합, ... 등 모든 유한한 개수의 원소를 가지는 집합을 만들 수 있다.

또한 쌍의 공리(ZF3)를 사용하면 $\{\phi\}$와 $\{\phi\}$가 집합이므로 이를 쌍으로 하는 $\{\{\phi\}, \{\phi\}\}$가 집합이고 또 확장의 공리(ZF1)에 의해 $\{\{\phi\}, \{\phi\}\} = \{\{\phi\}\}$이 된다. 그런데 이 집합은 원소가 1개이지만 $\{\phi\}$와 다른 집합이다. 마찬가지로 원소가 2개이면서 $\{\phi, \{\phi\}\}$와 다른 집합을 구성할 수 있다. 즉, 원소의 개수가 같지만 다른 집합이 얼마든지 존재한다.

이와 같은 과정에 의해서 모든 유한한 개수의 원소를 가지는 다양한 집합을 구성할 수 있지만 이와 같은 과정은 어디까지나 유한한 과정이다. 따라서 무한 집합을 구성할 수는 없다. 그래서 무한 집합의 존재를 보장해주는 것이 무한 공리(ZF7)이다.

무한 공리(ZF7)에 의해 하나의 무한 집합이 있으므로 (그것을 자연수의 집합이라 생각할 수 있다), 이를 사용해서 다른 종류의 무한 집합을 구성할 수 있다. 자연수의 집합에서 유리수의 집합을 구성하고, 유리수의 집합에서 실수의 집합을 구성하고, ... 따라서 수학에서 다루는 모든 종류의 집합을 구성할 수 있다.

다시 말하면 집합론의 공리에서부터 수학의 모든 체계가 구성되는 것이다.

ZF 공리계에 의하면 Russell의 패러독스가 일어나지 않게 된다. 이를 보장해 주는 것이 정칙성의 공리(ZF8)이다. 이를 보이면 다음과 같다.

A를 임의의 집합이라 하자. 쌍의 공리를 사용하면 $\{A, A\}$가 집합이 되고 확장의 공리에 의해 $\{A\}$는 집합이다. 이제 집합 $\{A\}$를 생각하면, 공리 (ZF8)에 의해

$$\exists B \in \{A\},\ B \cap \{A\} = \phi$$

가 되고, 따라서

$$\exists B = A,\ B \cap \{A\} = \phi$$

이다. 즉 $A \cap \{A\} = \phi$이다. 그러므로 $A \notin A$가 된다. 따라서 어떤 집합도 자기 자신을 원소로 가지지 않게 된다.

선택공리(AC)를 이해하기 위해서는 3장과 5장에서 다루는 집합족과 함수에 대한 이해가 필요하므로 부록에 간단히 소개하였다.

3.6 연습문제

1. 공리와 정리의 차이점은 무엇인가?
2. 집합에 대한 NBG 공리계에 대하여 조사하여라.
3. 자연수에 대한 Peano 공리계에 대하여 조사하여라.
4. 실수의 공리계에 대하여 조사하여라.
5. Euclid 기하학의 공리계에 대하여 조사하여라.

제 4 장

관계

이 장에서 다루는 내용

- 관계
- 동치관계
- 분할

제 1 절 곱집합

정 의 **4.1** a와 b의 순서쌍(ordered pair)은 $(a, b) = \{\{a\}, \{a, b\}\}$로 정의된다.

⟦ **예** ⟧ **4.2** 만일 $a \neq b$이면 $(a, b) \neq (b, a)$
$(\because)\ \{\{a\}, \{a, b\}\} \neq \{\{b\}, \{b, a\}\}$

정 리 **4.3** $(a, b) = (c, d) \iff a = c \wedge b = d$

증명. $(\Leftarrow)$ $a = c \ \wedge \ b = d$이면
$\{a\} = \{c\} \ \wedge \ \{a, b\} = \{c, d\}$이다.
따라서 $\{\{a\}, \{a, b\}\} = \{\{c\}, \{c, d\}\}$이다.
그러므로 정의에 의해 $(a, b) = (c, d)$이다.
$(\Rightarrow)$ 대우명제를 증명하자.
$a \neq c \ \vee \ b \neq d$이면
$\{a\} \neq \{c\} \ \vee \ \{a, b\} \neq \{c, d\}$이다.
따라서 $\{\{a\}, \{a, b\}\} \neq \{\{c\}, \{c, d\}\}$이다.
그러므로 정의에 의해 $(a, b) \neq (c, d)$이다. □

정 의 **4.4** 집합 A의 원소 x와 B의 원소 y의 순서쌍 (x, y)들로 이루어진 집합을 집합 A와 B의 **데카르트곱**(Cartesian product) 또는 **곱집합**(product set)이라 한다. 즉,

$$A \times B = \{(x, y) \mid x \in A \wedge y \in B\}$$

참 고 **4.5** 곱집합 $A \times B$를 좌표평면을 사용하여 기하학적으로 아래와 같이 나타낼 수 있다.

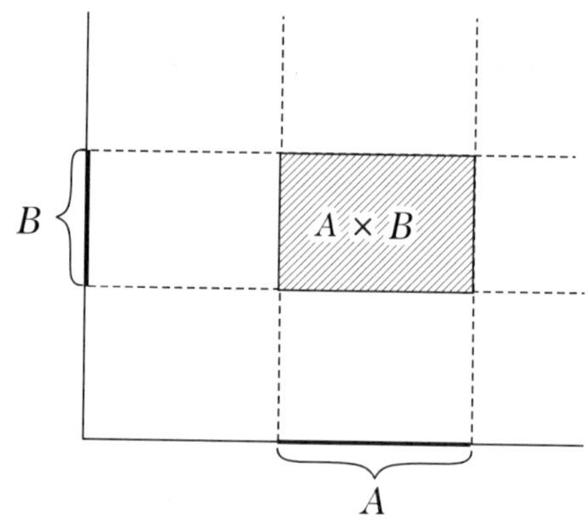

그림 5 곱집합 $A \times B$

⟦ **예** ⟧ **4.6** $A = \{a, b, c\}, B = \{1, 2\}$일 때 곱집합 $A \times B$의 원소는 $\{(a,1),(a,2),(b,1),(b,2),(c,1),(c,2)\}$가 되며 유한집합일 경우 아래 그림과 같이 평면상의 점들로 나타낼 수 있다.

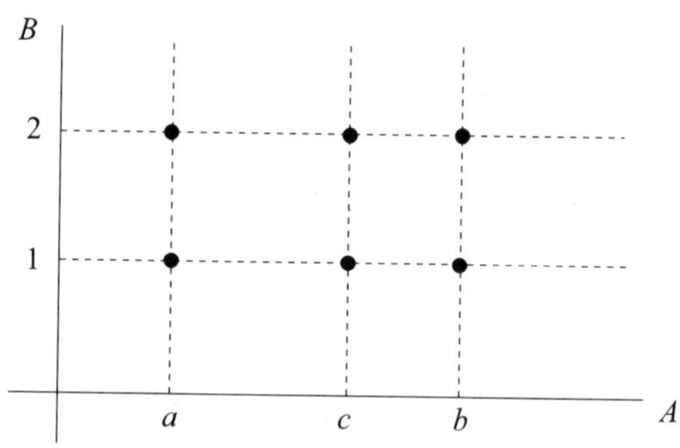

그림 6 곱집합 $A \times B$

⟦ **예 제** ⟧ **4.7** $A = \{1, 2, 3\}, B = \{a, b\}$일 때 $A \times B$, $B \times A$, $A \times A$, $B \times B$ 등을 구하여라.

풀이. $A\times B=\{(1,a),(1,b),(2,a),(2,b),(3,a),(3,b)\}$
$B\times A=\{(a,1),(a,2),(a,3),(b,1),(b,2),(b,3)\}$
$A\times A=\{(1,1),(1,2),(1,3),(2,1),(2,2),(2,3),(3,1),(3,2),(3,3)\}$
$B\times B=\{(a,a),(a,b),(b,a),(b,b)\}$

[예 제] 4.8 $A=\{$감기, 식중독$\}$, $B=\{$고열, 복통, 콧물$\}$일 때 $A\times B$를 구하여라.

풀이. $A\times B=\{$(감기, 고열), (감기, 복통), (감기, 콧물), (식중독, 고열), (식중독, 복통), (식중독, 콧물)$\}$

[예 제] 4.9 A : 집합

(1) $A\times\phi=\phi$

(2) $\phi\times A=\phi$

풀이. (1) 어떤 점 (x,y)가 $A\times\phi$의 원소가 된다고 하자.
즉, $(x,y)\in A\times\phi$. 그러면 $x\in A\wedge y\in\phi$. 따라서 $y\in\phi$.
이는 모순이다. 따라서 어떤 점도 포함되지 않는다.
$\therefore A\times\phi=\phi$
(2) 생략.

[예] 4.10 $A=S^1, B=[0,1]$이면 $B\times B$는 평면에서 길이가 1인 정사각형과 내부의 모든 점들이 되고, $B\times B\times B$는 공간에서 각 모서리의 길이가 1인 정육면체와 그 내부의 모든 점들이다. 또 $A\times B$는 공간에서 높이가 1인 원주상의 점들의 집합이라 생각할 수 있다. 마찬가지로 $S^1\times S^1$은 torus 상의 점들의 집합이라 생각할 수 있다.

정 리 4.11 집합 A,B,C에 대하여 다음 사실이 성립한다.

(1) $A\times(B\cap C)=(A\times B)\cap(A\times C)$

(2) $A\times(B\cup C)=(A\times B)\cup(A\times C)$

증명. (1)

$$
\begin{aligned}
(x,y) \in A \times (B \cap C) &\equiv x \in A \wedge y \in (B \cap C) & (4.1)\\
&\equiv x \in A \wedge (y \in B \wedge y \in C) & (4.2)\\
&\equiv (x \in A \wedge y \in B) \wedge (x \in A \wedge y \in C) & (4.3)\\
&\equiv [(x,y) \in A \times B] \wedge [(x,y) \in A \times C] & (4.4)\\
&\equiv (x,y) \in (A \times B) \cap (A \times C) & (4.5)
\end{aligned}
$$

$\therefore A \times (B \cap C) = (A \times B) \cap (A \times C)$ □

정 리 4.12 집합 A, B, C, D에 대하여 다음 사실이 성립한다.

(1) $A \times (B - C) = (A \times B) - (A \times C)$

(2) $(A \times B) \cap (C \times D) = (A \cap C) \times (B \cap D)$

증명. (1)

$$
\begin{aligned}
&(x,y) \in A \times (B - C) & (4.6)\\
\equiv\ & x \in A \wedge (y \in B - C) & (4.7)\\
\equiv\ & x \in A \wedge (y \in B \wedge y \notin C) & (4.8)\\
\equiv\ & (x \in A \wedge y \in B) \wedge (x \in A \wedge y \notin C) & (4.9)\\
\equiv\ & (x,y) \in (A \times B) \wedge (x \in A \wedge y \notin C) & (4.10)\\
\equiv\ & (x,y) \in (A \times B) \wedge (x,y) \notin (A \times C) & (4.11)\\
\equiv\ & (x,y) \in (A \times B) - (A \times C) & (4.12)
\end{aligned}
$$

$\therefore A \times (B - C) = (A \times B) - (A \times C)$

(2) 증명은 연습문제로 남긴다. 이 관계를 그림으로 나타내면 다음과 같다.

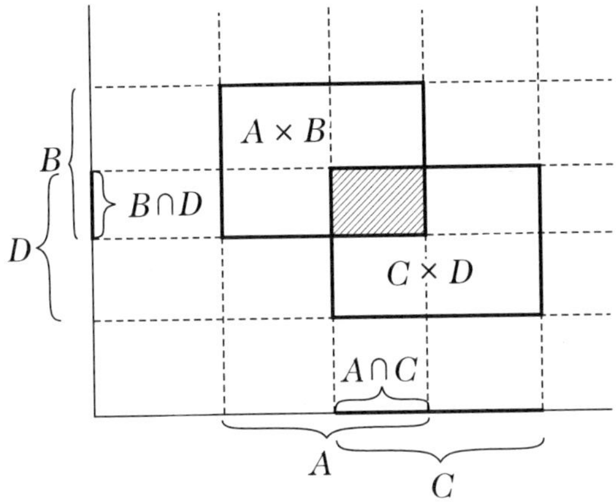

그림 7

□

4.1 연습문제

1. $(a, a) = \{\{a\}\}$를 증명하여라.

2. 다음 집합을 좌표평면 위에 기하학적으로 나타내어라.

   (a) $\{(x, y) \in \mathbb{R} \times \mathbb{R} \mid x = y\}$

   (b) $\{(x, y) \in \mathbb{R} \times \mathbb{R} \mid x > y\}$

   (c) $\{(x, y) \in \mathbb{R} \times \mathbb{R} \mid |x + y| \leq 1\}$

3. 두 집합 A, B가 어떤 조건일 때 $A \times B = B \times A$가 참이 되는가 ?

4. $A \times (B \cup C) = (A \times B) \cup (A \times C)$를 증명하여라.

5. $A \times B = \phi \iff A = \phi \vee B = \phi$임을 증명하여라.

6. $C \times D \neq \phi$라 할 때 다음을 증명하여라.
   $C \times D \subseteq A \times B \iff [C \subseteq A \wedge D \subseteq B]$.

7. 집합 A, B, C에 대하여 $A \subseteq B$이면 $A \times C \subseteq B \times C$가 됨을 증명하여라.

8. 집합 A, B의 원소가 각각 m, n개 일 때 $A \times B$ 의 원소는 몇 개인가?

9. 원소가 모두 9개인 곱집합 $A \times A$에는 $(-1, 0), (0, 1)$이 각각 속해 있다. 이 집합의 나머지 원소와 집합 A를 구하여라.

10. 다음 각 명제를 증명하거나 반례를 들어라.

    (a) $A \subseteq C$ 이고 $B \subseteq D$일 때만 $A \times B \subseteq C \times D$.

    (b) $P(A \times B) = P(A) \times P(B)$.

    (c) $(A \times B) \cup (C \times D) = (A \cup C) \times (B \cup D)$

11. 임의의 네 집합 A, B, C, D에 대하여 다음 사실이 성립한다. 이것을 증명하여라.

    $(A \times B) \cap (C \times D) = (A \cap C) \times (B \cap D)$

12. $A_1 \times A_2 \times A_3$와 $(A_1 \times A_2) \times A_3$ 집합의 차이점은 무엇인가?

13. 곱집합의 정의를 세집합의 곱집합 $A_1 \times A_2 \times A_3$ 으로 확장하면 어떻게 되는가? 또 n개의 집합의 곱집합 $A_1 \times A_2 \times A_3 \times \cdots \times A_n$으로 일반화할 수 있는가?

14. $A \times B = B \times A \Longrightarrow A = B$가 성립하는지 알아보아라.

제 2 절 관계

정 의 **4.13** 두 집합 A, B가 있을 때, $A \times B$의 부분집합 R을, A에서 B로 가는 **관계**(relation)라 한다. 즉,

$$R \subseteq A \times B$$

A에서 A로 가는 관계를 간단히 **집합 A 에서의 관계**(relation on A)라 부른다. $(a, b) \in R$일 때

$$aRb$$

로 나타내거나, 혼동할 우려가 없을 경우 간단히

$$a \sim b$$

로 낸다.

⟦ **예** ⟧ **4.14** $P = \{x \mid x$는 지난 달 우리 병원에서 진료를 받은 환자$\}$
$S = \{x \mid x$는 환자에게서 나타난 증세$\}$라 하고
$R = \{(a, b) \mid a$ 환자는 b 증세가 있다$\}$라고 하자.
그러면 R은 $P \times S$의 부분집합이 되고 따라서 P에서 S로 가는 관계이다.

⟦ **예** ⟧ **4.15** $S = \{x \mid x$는 환자에게서 나타난 증세$\}$
$D = \{x \mid x$는 최종 확인된 질병$\}$라 하고
$R = \{(a, b) \mid a$ 증세는 b 질병일 때 나타난다$\}$ 라고 하자.
그러면 R은 $S \times D$의 부분집합이 되고 따라서 S에서 D로 가는 관계이다.

⟦ **예** ⟧ **4.16** $A = \{1, 2, 3, 4\}$,

$R = \{(x, y) \mid x < y,\ x \in A,\ y \in A\}$
$= \{(1,2), (1,3), (1,4), (2,3), (2,4), (3,4)\}$
이라 하면 R은 A에서의 관계이다.

⟦ 예 ⟧ **4.17** $R = \{(x, y) \mid x^2 + y^2 \leq 1\}$는 $\mathbb{R}$에서의 관계이다.

⟦ 예 ⟧ **4.18** $R = \{(x, y) \mid |x + y| = 1\}$는 $\mathbb{R}$에서의 관계이다.

정 의 **4.19** 관계 R에 대한 **역관계**(inverse relation) R^{-1}를 아래와 같이 정의한다.

$$R^{-1} = \{(b, a) \mid (a, b) \in R\}$$

참 고 **4.20** R이 관계일 때,
$xRy \iff yR^{-1}x$

⟦ 예 ⟧ **4.21** $A = \{a, b\}$, $B = \{x, y, z\}$일 때,
$R = \{(a, x), (a, y), (b, y)\} \subseteq A \times B$이므로, R은 A에서 B로 가는 관계이다.
또한 $R^{-1} = \{(x, a), (y, a), (y, b)\}$은 $B \times A$의 부분집합이 되며, B에서 A로 가는 관계가 된다.
$aRx, aRy, bRy, b\not{R}x, b\not{R}z, xR^{-1}a, yR^{-1}b$과 같은 사실이 성립한다.

⟦ 예 ⟧ **4.22** $A = \{1, 2, 3, 4\}$, $R = \{(x, y) \mid x < y\}$이라 하면 역관계는
$R^{-1} = \{(y, x) \mid x < y\} = \{(2,1), (3,1), (4,1), (3,2), (4,2), (4,3)\}$이 된다.

⟦ 예 ⟧ **4.23** $P = \{x \mid x$는 지난 달 우리 병원에서 진료를 받은 환자$\}$
$S = \{x \mid x$는 환자에게서 나타난 증세$\}$라 하고

$R = \{(a,b) \mid a$ 환자는 b 증세가 있다$\}$라고 하자. 그러면
$R^{-1} = \{(b,a) \mid b$ 증세는 a 환자에게서 나타난다$\}$가 되며,
R^{-1}은 S에서 P로 가는 관계이다.

⟦ 예 ⟧ 4.24 $S = \{x \mid x$는 환자에게서 나타난 증세$\}$
$D = \{x \mid x$는 최종 확인된 질병$\}$라 하고
$R = \{(a,b) \mid a$ 증세는 b 질병일 때 나타난다$\}$라고 하자. 그러면
$R^{-1} = \{(b,a) \mid b$ 질병은 a 증세를 보인다$\}$가 되며,
R^{-1}은 D에서 S로 가는 관계이다.

정 의 4.25 $R \subseteq A \times B$ 즉, R이 A로부터 B로 가는 관계일 때
$\mathrm{Dom}(R) = \{a \mid \exists b \in B,\ (a,b) \in R\}$을 **정의역**(domain)이라 하고,
$\mathrm{Im}(R) = \{b \mid \exists a \in A,\ (a,b) \in R\}$을 **치역**(image)이라 한다.

⟦ 예 제 ⟧ 4.26 $\mathrm{Dom}(R) = \mathrm{Im}(R^{-1})$,
$\mathrm{Im}(R) = \mathrm{Dom}(R^{-1})$.

풀이.

$$\begin{aligned} a \in \mathrm{Dom}(R) &\iff \exists b \in B, (a,b) \in R \\ &\iff \exists b \in B, (b,a) \in R^{-1} \\ &\iff a \in \mathrm{Im}(R^{-1}) \end{aligned}$$

⟦ 예 ⟧ 4.27 $\mathbb{R}$에서의 관계 $R = \{(x,y) \mid x^2 + y^2 \le 1\}$에 대해,
$\mathrm{Dom}(R) = [-1,1]$, $\mathrm{Im}(R) = [-1,1]$이다.

⟦ **예** ⟧ **4.28** $\mathbb{R}$에서의 관계 $R = \{(x, y) \mid |x + y| = 1\}$에 대해, $\mathrm{Dom}(R) = \mathbb{R}$, $\mathrm{Im}(R) = \mathbb{R}$이다.

⟦ **예** ⟧ **4.29** $A = \{1, 2, 3, 4\}$에서 정의된 관계 $R = \{(x, y) \mid x < y\}$을 생각하면 $\mathrm{Dom}(R) = \{1, 2, 3\}$, $\mathrm{Im}(R) = \{2, 3, 4\}$이다.

정 의 **4.30** R이 X에서의 관계일 때

(1) $\forall x \in X$, xRx이면 R을 **반사적**(reflexive)이라 한다.

(2) $xRy \Longrightarrow yRx$이면 R을 **대칭적**(symmetric)이라 한다.

(3) $xRy \wedge yRz \Longrightarrow xRz$이면 R을 **추이적**(transitive)이라 한다.

(4) 위 세 가지를 모두 만족시키면 **동치관계**(equivalence relation)라 한다.

⟦ **예 제** ⟧ **4.31** 실수의 집합 $\mathbb{R}$에서 등호 '='은 동치관계이다.

풀이. 임의의 실수 x, y, z에 대해
(1) $\forall x \in \mathbb{R}$, $x = x$. 따라서 반사적이다.
(2) $x = y \Longrightarrow y = x$. 따라서 대칭적이다.
(3) $x = y \wedge y = z \Longrightarrow x = z$. 따라서 추이적이다.
따라서 등호는 동치관계가 된다.

⟦ **예 제** ⟧ **4.32** 실수의 집합 $\mathbb{R}$에서 부등호 '$\leq$'은 동치관계가 아니다.

풀이. 임의의 실수 x, y, z에 대해
(1) $\forall x \in \mathbb{R}$, $x \leq x$. 따라서 반사적이다.
(3) $x \leq y \wedge y \leq z \Longrightarrow x \leq z$. 따라서 추이적이다. 그러나

(2) $x \le y \not\Longleftrightarrow y \le x$. 따라서 대칭적이 아니다.
따라서 부등호는 동치관계가 아니다.

⟦ 예 ⟧ **4.33** 삼각형들의 집합에서 "합동"이라는 관계는 동치관계이다.
평면도형들의 집합에서 "닮음"이라는 관계는 동치관계이다.
집합의 적당한 모임에서 "상등"이라는 관계는 동치관계이다.

⟦ 예 ⟧ **4.34** $C = \{x \mid x$는 우리 정비소에 정비 의뢰한 자동차$\}$
$R = \{(x, y) \mid x$는 y와 같은 회사 제품이다$\}$라고 하자.
그러면 R은 C 위에서의 동치관계이다.

⟦ 예 ⟧ **4.35** $A = \{x \mid x$는 우리 학과 학생$\}$
$R = \{(x, y) \mid x$는 y와 같은 고교를 졸업했다$\}$라고 하면
R은 A 위에서의 동치관계이다.

⟦ 예 ⟧ **4.36** $A = \{x \mid x$는 우리 학과 학생$\}$
$R = \{(x, y) \mid x$는 y와 같은 도 출신이다$\}$라고 하면
R은 A 위에서의 동치관계이다.

⟦ 예 ⟧ **4.37** $S = \{x \mid x$는 우리 학과 학생$\}$
$R = \{(x, y) \mid x$는 y와 혈액형이 같다$\}$라고 하면
R은 S 위에서의 동치관계이다.

⟦ 예 ⟧ **4.38** $A = \{x \mid x$는 우리 학과 학생$\}$
$R = \{(x, y) \mid x$는 y를 좋아한다$\}$라고 하면
R은 A 위에서의 동치관계가 아니다.
왜냐하면 대칭적, 추이적 관계가 아니기 때문이다.

⟦ 예 ⟧ **4.39** $V \subseteq \mathbb{R}^3$일 때

$R = \{(x, y) \mid$ 점 x는 점 y와 같은 방향의 위치벡터를 이룬다$\}$라고 하면 R은 V 위에서의 동치관계이다.

⟦ 예 제 ⟧ 4.40 $f : X \to Y$를 함수라 하자(나중에 함수에 대해 자세히 다룰 것이다).
$R = \{(x, y) \mid f(x) = f(y)\}$라고 하면 R은 X 위에서의 동치관계이다.

풀이. 연습문제.

⟦ 예 ⟧ 4.41 X가 집합일 때
$X \times X = \{(x, y) \mid x \in X \wedge y \in X\}$은 분명히 X에서의 동치관계이다.

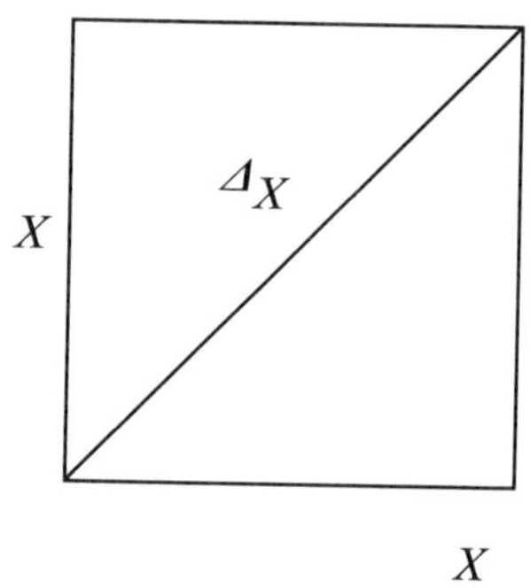

그림 8 Δ_X 와 $X \times X$

⟦ 예 제 ⟧ 4.42 X가 집합일 때 $\Delta_X = \{(x, x) \mid x \in X\}$가 X에서의 동치관계임을 보여라.

풀이. (1) $\forall x \in X,\ (x, x) \in \Delta$
(2)

$$(x, y) \in \Delta \implies x = y \tag{4.13}$$
$$\implies y = x \tag{4.14}$$
$$\implies (y, x) \in \Delta \tag{4.15}$$

(3)

$$(x,y) \in \Delta \wedge (y,z) \in \Delta \implies x = y \wedge y = z \tag{4.16}$$
$$\implies x = z \tag{4.17}$$
$$\implies (x,z) \in \Delta \tag{4.18}$$

[[예 제]] 4.43 $m \in \mathbb{Z}$일 때 $x, y \in \mathbb{Z}$에 대해,

$$x \equiv y \pmod{m} \iff \exists k \in \mathbb{Z},\ x - y = km$$

와 같이 정의되는 '$\equiv \pmod{m}$'은 정수의 집합 $\mathbb{Z}$에서 동치관계이다.

풀이. (1) 반사적: $\forall x \in \mathbb{Z},\ x \equiv x \pmod{m}$

$\because \exists 0 \in \mathbb{Z},\ x - x = 0 \cdot m.$

(2) 대칭적: $x \equiv y \pmod{m} \implies y \equiv x \pmod{m}$

$\because x \equiv y \pmod{m}$
$\implies \exists k \in \mathbb{Z},\ x - y = km$
$\implies \exists -k \in \mathbb{Z},\ y - x = (-k)m$
$\implies y \equiv x \pmod{m}.$

(3) 추이적: $x \equiv y \pmod{m},\ y \equiv z \pmod{m} \implies x \equiv z \pmod{m}$

$(\because)$

$$\begin{aligned} x \equiv y & \pmod{m},\ y \equiv z \pmod{m} \\ \implies & \exists k \in \mathbb{Z},\ x - y = km\text{이고,} \\ & \exists l \in \mathbb{Z},\ y - z = lm \\ \implies & x - z = (x - y) + (y - z) \\ & = km + lm \\ & = (k + l)m \end{aligned}$$

그런데 $k, l \in \mathbb{Z}$이므로 $k+l \in \mathbb{Z}$이다.
따라서 $x \equiv z \pmod{m}$이다.

4.2 연습문제

1. 집합 A에서 집합 B로 가는 관계 R에 대하여 $(R^{-1})^{-1} = R$임을 증명하여라.

2. $A = \{a, b, c\}, R = \{(a, b), (c, b), (b, a)\}$일 때 R의 정의역과 상을 구하여라.

3. 집합 A에서 집합 B로 가는 관계 R에 대하여 다음을 증명하여라.

   (a) $\mathrm{Dom}(R^{-1}) = \mathrm{Im}(R)$

   (b) $\mathrm{Im}(R^{-1}) = \mathrm{Dom}(R)$

4. $A = \{a, b, c\}, R = \{(a, a), (b, b), (c, c), (a, b), (b, a), (c, a), (a, c)\}$일 때 R은 반사적이고 대칭적이지만 추이적이 아님을 보여라.

5. 반사적이고 추이적이지만 대칭적이 아닌 관계의 보기 하나를 들어라.

6. 대칭적이고 추이적이지만 반사적이 아닌 관계의 보기 하나를 들어라.

7. 집합 X 위의 관계 R에 대하여 다음을 증명하여라.

   (a) $R \supseteq \triangle_X$ 일 때만 R은 반사적이다.

   (b) $R = R^{-1}$일 때만 R은 대칭적이다.

8. 집합 X 위의 관계 R에 대하여 다음을 증명하여라.

   (a) R^{-1}이 반사적일 때만 R은 반사적이다.

   (b) R^{-1}이 대칭적일 때만 R은 대칭적이다.

(c) R^{-1}이 추이적일 때만 R은 추이적이다.

(d) R^{-1}이 동치관계일 때만 R은 동치관계이다.

9. 임의의 정수 x, y에 대해, $x \equiv y \bmod 3 \iff \exists k \in \mathbb{Z},\ x - y = 3k$ 와 같이 정의되는 '$\equiv$ mod 3'은 정수의 집합 $\mathbb{Z}$에서 동치관계임을 보여라.

10. 집합 $X = Z \times (Z - \{0\})$ 위의 관계 $\sim$를 $ad = bc$일 때 $(a, b) \sim (c, d)$로 정의하면 $\sim$는 X 위의 동치관계이다. 이것을 증명하여라.

제 3 절 분할

정 의 **4.44** 공집합이 아닌 집합 X에서, 다음을 만족시키는 공집합이 아닌 X의 부분집합들의 모임 $\mathcal{T}$를 X의 **분할**(partition)이라 한다.

(1) $A, B \in \mathcal{T}$이고 $A \neq B$이면 $A \cap B = \phi$

(2) $\bigcup_{C \in \mathcal{T}} C = X$

[예] 4.45 $A = \{1, 2, 3, 4, 5, 6, 7\}$라 하자.
$\{\{1, 2\}, \{3, 4, 5\}, \{6, 7\}\}$은 A의 분할이다.
$\{\{1\}, \{2, 3, 4, 5\}, \{6, 7\}\}$은 A의 분할이다.
$\{\{1, 2, 3, 4, 5, 6, 7\}\}$은 A의 분할이다.
$\{\{1, 2\}, \{3\}, \{4, 5, 6, 7\}, \{3\}\}$은 A의 분할이다. 그러나
$\{\{1, 2\}, \{3\}, \{4, 5, 6, 7\}, \phi\}$은 A의 분할이 아니다.
$\{\{1, 2\}, \{3, 4, 5\}, \{5, 6, 7\}\}$은 A의 분할이 아니다.
$\{\{1, 2\}, \{3, 4\}, \{6, 7\}\}$은 A의 분할이 아니다.

[예] 4.46 자연수의 집합 $\mathbb{N}$에서
$E = \{x \mid x$는 짝수$\}$
$O = \{x \mid x$는 홀수$\}$라 하면
$\mathcal{T} = \{O, E\}$는 $\mathbb{N}$의 분할이다.

($\because$) (1) $O \neq E, Q \cap E = \phi$
(2) $\bigcup \mathcal{T} = O \cup E = \mathbb{N}$

[예] 4.47 자연수의 집합 $\mathbb{N}$에서
$A = \{x \mid$ 는 2의 배수$\}$
$B = \{x \mid$ 는 3의 배수$\}$

$C = \{x \mid$ 는 4의 배수$\}$
$\mathcal{T} = \{A, B, C\}$는 $\mathbb{N}$의 분할이 아니다.

⟦ 예 ⟧ **4.48** 실수의 집합 $\mathbb{R}$에서 $\mathcal{T} = \{\mathbb{Q}, \mathbb{Q}'\}$는 $\mathbb{R}$의 분할이다.

⟦ 예 ⟧ **4.49** 실수의 집합 $\mathbb{R}$에서 $\mathcal{T} = \{\mathbb{Q}, \mathbb{Q}', \mathbb{N}\}$는 $\mathbb{R}$의 분할이 아니다.
왜냐하면 $\mathbb{N} \cup \mathbb{Q} \cup \mathbb{Q}' = \mathbb{R}$이지만 $\mathbb{N} \cap \mathbb{Q} \neq \phi$이기 때문이다.

⟦ 예 ⟧ **4.50** $\{(-\infty, 0), \{0\}, (0, \infty)\}$는 $\mathbb{R}$의 분할이다.

⟦ 예 ⟧ **4.51** 실수의 집합 $\mathbb{R}$에서 $A_i = \{x \mid i \leq x < i+1\}$이라 하면
$\mathcal{T} = \{A_i \mid i \in \mathbb{Z}\}$는 $\mathbb{R}$의 분할이다.

⟦ 예 ⟧ **4.52** $S = \{x \mid x$는 우리 학과 학생$\}$
$A = \{x \in S \mid x$는 혈액형이 A이다$\}$
$B = \{x \in S \mid x$는 혈액형이 B이다$\}$
$C = \{x \in S \mid x$는 혈액형이 AB이다$\}$
$O = \{x \in S \mid x$는 혈액형이 O이다$\}$
라고 하면 $\mathcal{T} = \{A, B, C, O\}$는 S의 분할이다.

정 의 **4.53** 공집합이 아닌 집합 X에서의 동치관계 $\mathcal{E}$이 주어졌을 때 각 $x \in X$ 에 대하여 집합

$$[x] = x/\mathcal{E} = \{y \in X \mid y\mathcal{E}x\}$$

을 x의 **동치류**(equivalence class)라 부른다. X에서의 모든 동치류의 집

합을 **상집합**(quotient set)이라 부르고, $X/\mathcal{E}$와 같이 나타낸다. 즉,

$$X/\mathcal{E} = \{[x] \mid x \in X\}$$

이 기호를 $X \bmod \mathcal{E}$라고 읽는다.

참 고 **4.54** $y \in [x] \iff y\mathcal{E}x$.

⟦ 예 ⟧ 4.55 관계 $\mathcal{E}$를 집합 $\mathbb{Z}$에서의 동치관계 $\equiv \pmod 3$이라 하면,

$$\begin{aligned}[0] &= \{y \in \mathbb{Z} \mid y \equiv 0 (\text{mod } 3)\} = \{\dots, -3, 0, 3, 6, \dots\}\\ &= [3] = [6] = \dots\\ [1] &= \{y \in \mathbb{Z} \mid y \equiv 1 (\text{mod } 3)\} = \{\dots, -2, 1, 4, 7, \dots\}\\ &= [4] = [7] = \dots\\ [2] &= \{y \in \mathbb{Z} \mid y \equiv 2 (\text{mod } 3)\}\{\dots, -1, 2, 5, 8, \dots\}\\ &= [5] = [8] = \dots\end{aligned}$$

$\therefore \mathbb{Z}/\mathcal{E} = \{[x] \mid x \in \mathbb{Z}\} = \{[0], [1], [2]\}$.

⟦ 예 ⟧ 4.56 관계 $\mathcal{E}$를 집합 $M = \{1, 2, \dots, 31\}$에서의 동치관계 $\equiv \pmod 7$이라 하면,

$$\begin{aligned}[1] &= \{y \in M \mid y \equiv 1 (\text{mod } 7)\}\\ &= \{1, 8, 15, 22, 29\}\\ &\dots\\ [7] &= \{y \in M \mid y \equiv 7 (\text{mod } 7)\}\\ &= \{7, 14, 21, 28\}\end{aligned}$$

등으로서 같은 요일에 속한 날짜가 되고,
$M/\mathcal{E} = \{[x] \mid x \in M\} = \{[1], [2], [3], [4], [5], [6], [7]\}$.

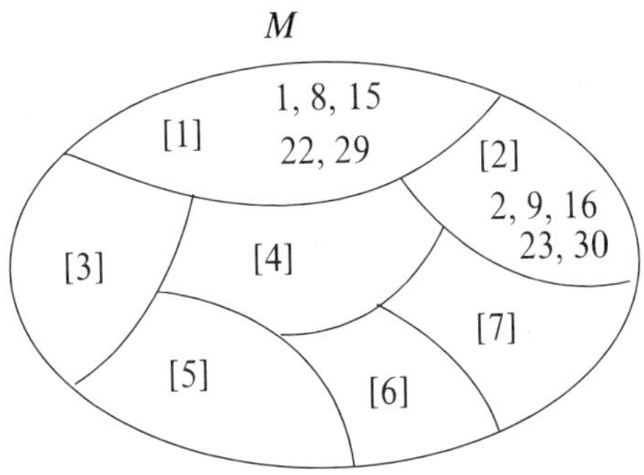

그림 9 분할

⟦ 예 ⟧ 4.57 $f : X \to Y$가 전사함수일 때 X 위에 정의된 동치관계 $R = \{(a,b) \mid f(a) = f(b)\}$에 대해 동치류들을 구하면
$[b] = \{a \in X \mid f(a) = f(b)\} = f^{-1}(f(b))$이고
$X/R = \{f^{-1}(f(b)) \mid b \in X\} = \{f^{-1}(y) \mid y \in Y\}$이다.

⟦ 예 제 ⟧ 4.58 키 순으로 번호가 부여된 학급의 학생를 4개조로 나누어서 농구 경기를 하려고 한다. 키가 비슷하게 섞이도록 조를 나누는 방법을 하나 들어라.

풀이. 키가 번호순으로 부여되어 있으므로 번호를 mod 4인 동치관계를 사용하여 동치류를 구하면 키가 골고루 섞여있는 조를 구성할 수 있다. 즉,
1조 $=\{1, 5, 9, \ldots\}$
2조 $=\{2, 6, 10, \ldots\}$
3조 $=\{3, 7, 11, \ldots\}$
4조 $=\{4, 8, 12, \ldots\}$
등으로 조를 나누면 된다.

정 리 **4.59** $\mathcal{E}$이 X 상에서의 동치관계일 때 다음과 같은 사실이 성립한다.

(1) $[x]$는 공집합이 아닌 X의 부분집합이다.

(2) $[x] \cap [y] \neq \phi \iff x\mathcal{E}y$.

(3) $x\mathcal{E}y \iff [x] = [y]$.

증명. (1) $x \in X, \ \ x\mathcal{E}x \qquad (\because \mathcal{E}$: 반사적).
그러므로 $x \in [x]$. 따라서 $[x] \neq \phi$이다.

(2)

$$
\begin{aligned}
[x] \cap [y] \neq \phi \quad &\iff \quad \exists z, \ z \in [x] \wedge z \in [y] && (4.19)\\
&\iff \quad \exists z, \ z\mathcal{E}x \wedge z\mathcal{E}y && (4.20)\\
&\iff \quad \exists z, \ x\mathcal{E}z \wedge z\mathcal{E}y && (4.21)\\
&\iff \quad x\mathcal{E}y && (4.22)
\end{aligned}
$$

(3) $(\Longleftarrow)$

$$
\begin{aligned}
[x] = [y] \quad &\Longrightarrow \quad [x] \cap [y] \neq \phi && (4.23)\\
&\Longrightarrow \quad x\mathcal{E}y \qquad (\because (2)) && (4.24)
\end{aligned}
$$

$(\Longrightarrow)$ $x\mathcal{E}y$라 하자.
먼저 $[x] \subseteq [y]$을 보이자.

$$
\begin{aligned}
z \in [x] \quad &\Longrightarrow \quad z\mathcal{E}x && (4.25)\\
&\Longrightarrow \quad z\mathcal{E}y \qquad (\because x\mathcal{E}y) && (4.26)\\
&\Longrightarrow \quad z \in [y] && (4.27)
\end{aligned}
$$

$\therefore [x] \subseteq [y]$
같은 방법으로 $[y] \subseteq [x]$.
따라서 $[x] = [y]$. □

정 리 **4.60** $X \neq \phi$이고 $\mathcal{E}$가 X 위의 동치관계라고 하면 $X/\mathcal{E}$는 X의 분할이다.

증명. 분명히 집합 $X/\mathcal{E} = \{[x] \mid x \in X\}$는 X의 공집합이 아닌 부분집합들을 모아놓은 집합이다. 위 정리에 의해
$[x] \cap [y] \neq \phi \iff [x] = [y]$이 되므로
$[x] \neq [y] \Longrightarrow [x] \cap [y] = \phi$이 된다.
또한 $\bigcup_{x \in X}[x] = X$이 성립하므로 $X/\mathcal{E}$는 X의 하나의 분할이다. □

⟦ 예 ⟧ **4.61** 위 예제 4.55에서 동치관계 $\mathcal{E}$로부터 만들어지는 상집합 $\mathbb{Z}/\mathcal{E} = \{[x] \mid x \in \mathbb{Z}\} = \{[0], [1], [2]\}$은 정수의 집합 $\mathbb{Z}$의 분할이다.

⟦ 예 ⟧ **4.62** 위 예제 4.56에서 동치관계 $\mathcal{E}$로부터 만들어지는 상집합 $M/\mathcal{E} = \{[x] \mid x \in M\} = \{[1], [2], [3], [4], [5], [6], [7]\}$은 M의 분할이다.

⟦ 예 ⟧ **4.63** 위 예제 4.57에서 동치관계 R로부터 만들어지는 상집합 $X/R = \{f^{-1}(y) \mid y \in Y\}$은 X의 분할이다.

⟦ 예 ⟧ **4.64** 위 예제 4.35에서 동치관계 R로부터 만들어지는 상집합은 출신고교 모임으로서 A의 분할이 된다.

⟦ 예 ⟧ **4.65** 위 예제 4.36에서 만들어지는 상집합은 출신도별 모임으로서 A의 분할이 된다.

⟦ 예 ⟧ **4.66** 위 예제 4.37에서 만들어지는 상집합은 혈액형별 모임으로서 S의 분할이 된다. 예제 4.52와 비교하여 보아라.

정 의 **4.67** $\mathcal{T}$가 X 상에서의 분할일 때 X 상에서 관계 $X/\mathcal{T}$를

$$x(X/\mathcal{T})y \iff \exists A \in \mathcal{T},\ \ x \in A \wedge y \in A$$

로 정의한다.

정 리 **4.68** $\mathcal{T}$ 가 공집합이 아닌 집합 X의 분할이면 관계 $X/\mathcal{T}$ 는 X 위의 하나의 동치관계이다. 또한 동치관계 $X/\mathcal{T}$에 의하여 유도된 X의 동치류들은 바로 분할 $\mathcal{T}$를 이룬다. 즉

$$X/(X/\mathcal{T}) = \mathcal{T}$$

증명. (1)반사적:
$x \in X$라 하자.
$\exists A \in \mathcal{T}, x \in A$ ($\because$ 분할)
$\exists A \in \mathcal{T}, x \in A \wedge x \in A$
$\therefore\ x(X/\mathcal{T})x$
(2) 대칭적: 위의 정의에 의해서 성립된다.
(3) 추이적:
$x(X/\mathcal{T})y$이고 $y(X/\mathcal{T})z$라 하자.
$\exists A \in \mathcal{T},\ x \in A \wedge y \in A$ 이고
$\exists B \in \mathcal{T},\ y \in B \wedge z \in B$
$\Longrightarrow y \in A \cap B$
$\Longrightarrow A \cap B \neq \phi$
$\Longrightarrow A = B \quad (\because A, B \in \mathcal{T}:$ 분할)
그러므로 $\exists A \in \mathcal{T}, x \in A \wedge z \in A$
따라서 $x(X/\mathcal{T})z$

위 (1), (2), (3) 에 의해서 $X/\mathcal{T}$는 X 상에서의 동치관계이다.

이제 $X/(X/\mathcal{T}) = \mathcal{T}$를 보이기 위하여 먼저 $X/(X/\mathcal{T}) \subseteq \mathcal{T}$을 보이자. $X/\mathcal{T}$가 X 상에서의 동치관계이므로 $X/(X/\mathcal{T})$는 X 상에서의 분할이다. 따라서 임의의 $x \in X$에 대해 $\exists A \in \mathcal{T},\ x \in A$.
그러므로 $[x] = x/(X/\mathcal{T}) = A$.
따라서 $[x] = A \in \mathcal{T}$.
$\therefore X/(X/\mathcal{T}) \subseteq \mathcal{T}$
이제 반대로 $\mathcal{T} \subseteq X/(X/\mathcal{T})$을 보이자.
$A \in \mathcal{T}$라 하면 $A \neq \phi$이다.
그러므로 $\exists x \in A$이다.
그런데 $[x] = x/(X/\mathcal{T}) = A$이다.
따라서 $A = [x] \in X/(X/\mathcal{T})$
$\therefore \mathcal{T} \subseteq X/(X/\mathcal{T})$.
결국 $\mathcal{T} = X/(X/\mathcal{T})$ □

참 고 **4.69** 위 정의 4.67과 정리 4.68에서 어떤 분할이 주어졌을 때, 같은 분할의 원소에 속하는 원소들은 동치관계가 있게 된다.

⟦ 예 ⟧ 4.70 집합 $A = \{1, 2, 3, 4, 5, 6, 7\}$의 분할 $\{\{1, 2\}, \{3, 4, 5\}, \{6, 7\}\}$이 주어졌을 때, 이 분할에서부터 얻어지는 동치관계는
$1 \sim 2$,
$3 \sim 4 \sim 5$,
$6 \sim 7$ 등이다.

⟦ 예 ⟧ 4.71 집합 $A = \{1, 2, 3, 4, 5, 6, 7\}$의 분할 $\{\{1, 2, 3, 4, 5, 6, 7\}\}$이 주어졌을 때, 이 분할에서부터 얻어지는 동치관계는 $1 \sim 2 \sim 3 \sim 4 \sim 5 \sim 6 \sim 7$ 등이다.

[[예]] 4.72 분할 {{감기, 기관지염, 천식},{고혈압, 당뇨병}, {위궤양, 십이지장궤양}}에서 얻어지는 동치관계는
감기 ~ 기관지염 ~ 천식,
고혈압 ~ 당뇨병,
위궤양 ~ 십이지장궤양
등이다.

따름정리 4.73 $X \neq \phi$일 때, $\mathcal{E}$이 X의 동치관계이면 $X/\mathcal{E}$는 X 상에서의 분할이고, $X/(X/\mathcal{E}) = \mathcal{E}$이다.

증명. 연습문제로 남긴다. □

4.3 연습문제

1. $\mathcal{T}$ 가 공집합이 아닌 집합 X의 분할인 경우 동치관계 $X/\mathcal{T}$에 대하여 $X/\mathcal{T} = \bigcup_{A\in\mathcal{T}} A \times A$ 임을 증명하여라.

2. 위 문제를 이용해서 X가 유한집합이고 $\mathcal{T} = \{A_1, A_2, \cdots, A_k\}$이라고 할 때 $j = 1, 2, \cdots, k$ 에 대하여 A_j는 n_j개의 원소를 지닌다고 한다. 이 경우 동치관계 $X/\mathcal{T}$ 에는 $n_1^2 + n_2^2 + n_3^2 + \cdots + n_k^2$ 개의 순서쌍이 있음을 증명하여라.

3. $X = \{a, b, c, d, e\}$, $\mathcal{T} = \{\{a, b\}, \{c\}, \{d, e\}\}$에 대하여 다음 물음에 답하여라.

   (a) $\mathcal{T}$는 집합 X의 분할임을 보여라.

   (b) 집합 X 위의 동치관계 $X/\mathcal{T}$를 나타내는 순서쌍의 집합을 원소나열법으로 구하여라.

   (c) $\mathcal{E} = X/\mathcal{T}$라 할 때 $a/\mathcal{E}$, $b/\mathcal{E}$, $c/\mathcal{E}$, $d/\mathcal{E}$, $e/\mathcal{E}$를 구하여라.

4. X를 정수의 집합 $\mathbb{Z}$라 하고 X위의 관계 $\mathcal{E}$를 다음과 같이 정의한다.

$$x\mathcal{E}y \iff \text{적당한 정수 } k\text{에 대하여 } x-y=5k$$

(a) 관계 $\mathcal{E}$ 는 X위의 동치관계임을 증명하여라.

(b) 집합 X의 분할 $X/\mathcal{E}$를 구하여라.

(c) 동치관계 $X/(X/\mathcal{E})$는 동치관계 $\mathcal{E}$와 같다. 이것을 확인하여라.

5. 공집합이 아닌 집합 X 위의 동치관계 $\mathcal{E}$에 대하여 $X/(X/\mathcal{E})=\mathcal{E}$임을 증명하여라.

6. 전사함수 $f:X\to Y$에 대하여 $\mathcal{P}=\{f^{-1}(\{y\})\mid y\in Y\}$가 X의 분할이 됨을 보이고, 이 분할에서 얻어지는 동치관계를 구하여라.

제 5 장

함수

이 장에서 다루는 내용

- 단사함수
- 전사함수
- 전단사함수
- 역함수

제 1 절 함수

정 의 **5.1** X, Y가 집합일 때 X에서 Y로 가는 관계 f가 다음 두 조건을 만족시키면 **함수**(function)라 한다.

(1) $\mathrm{Dom}(f) = X$

(2) $(x, y) \in f \wedge (x, z) \in f \Longrightarrow y = z$

이 때 X를 함수 f의 **정의역**(domain), Y를 **공역**(codomain)이라 한다.

참 고 **5.2** 즉 f가 함수라는 것은 정의역의 각각의 점에 대해 오직 하나씩 대응이 존재한다는 것이다.

참 고 **5.3** 함수 $f : X \to Y$에 대해 $(x, y) \in f$를 $y = f(x)$로 나타내기도 하며, y를 x의 **상**(image) 또는 **함수값**(value)이라 하고 x를 y의 **원상**(preimage)이라 한다.

⟦ **예** ⟧ **5.4** 아래 그림과 같이 주어진 함수에서 y는 x의 상이다.

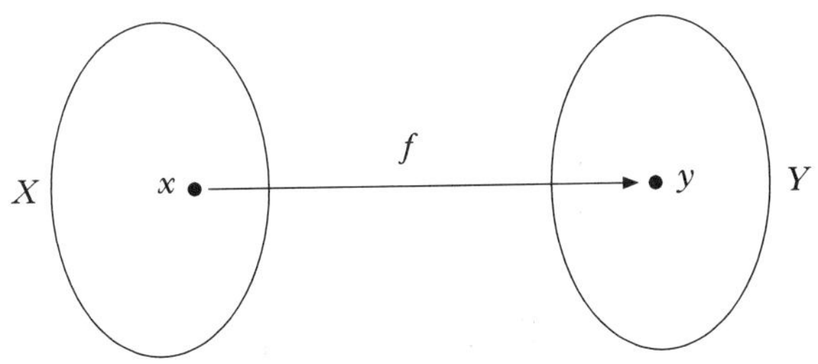

그림 10 y는 x의 상

〚 **예** 〛**5.5** 아래 그림과 같이 주어진 함수에서 x_1과 x_2는 y의 원상이다.

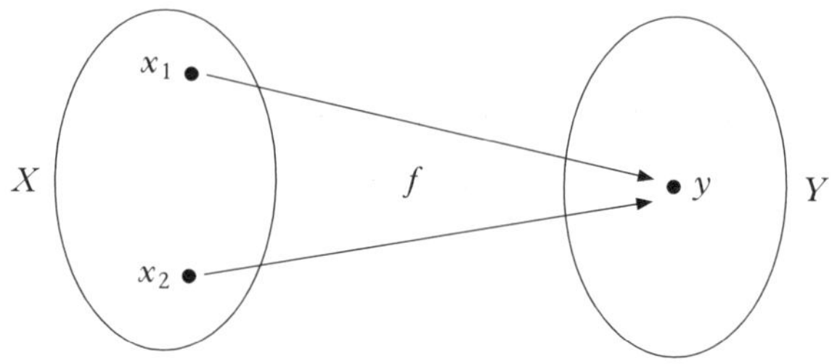

그림 11 x_1과 x_2는 y의 원상

〚 **예** 〛**5.6** 집합 X에 대해 Δ_X는 X에서 X로 가는 함수이다.
이것이 함수라는 것을 강조하기 위해

$$1_X : X \to X$$

$$1_X(x) = x$$

로 나타내며 **항등함수**(identity function)라고 부른다.

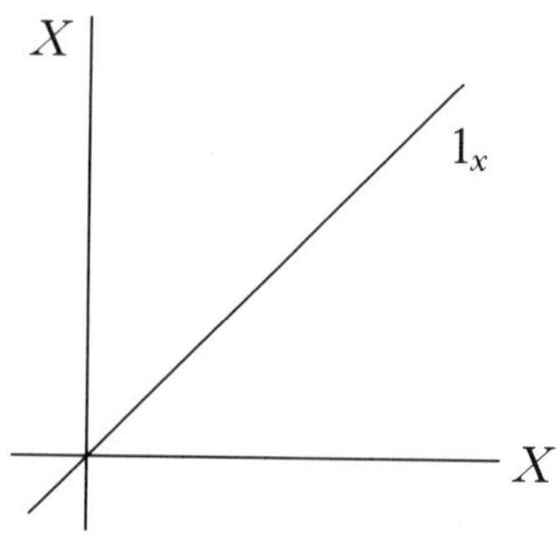

그림 12 항등함수

예를 들어 $1_{\mathbb{R}} : \mathbb{R} \to \mathbb{R}$, $1_{\mathbb{R}}(x) = x$는 실수의 집합에서 실수의 집합으로 가는 항등함수이다. 또한 $X = \{1, 2, 3\}$, $1_X = \{(1,1), (2,2), (3,3)\}$도 항등함수이다.

[[**예**]] **5.7** X, Y가 공집합이 아닌 집합일 때 고정된 원소 $b \in Y$에 대해 관계

$$C_b = \{(x, b) \mid x \in X\}$$

는 $C_b : X \to Y$, $C_b(x) = b$인 함수이다. 이런 함수를 **상수함수**(constant function)라 한다.

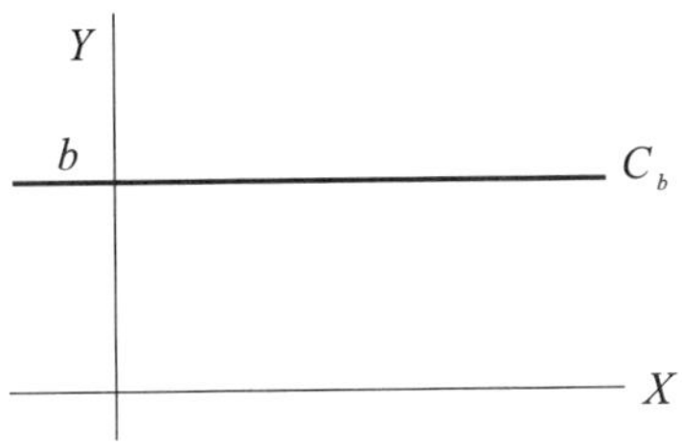

그림 13 상수함수

예를 들어 $X = Y = \{1, 2, 3\}$일 때 상$f = \{(1, 3), (2, 3), (3, 3)\}$은 수 함수이다.

[[**예**]] **5.8** $X \neq \phi$가 집합이고 $A \subseteq X$일 때,

$$\chi_A : X \to \{0, 1\}$$

$$\chi_A(x) = \begin{cases} 1, & x \in A\text{일 때} \\ 0, & x \in X - A\text{일 때} \end{cases}$$

로 정의되는 함수를 X에서 A의 **특성함수**(characteristic function)라 한다.

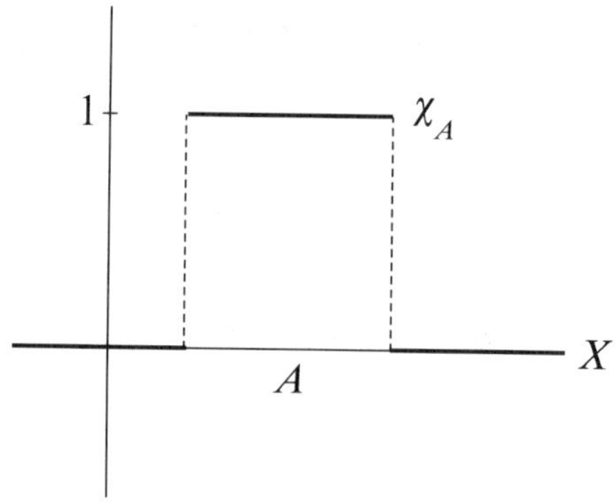

그림 14 특성함수

예를 들어 특성함수 $\chi_{[1,2]} : \mathbb{R} \to \{0,1\}$은

$$\chi_{[1,2]}(x) = \begin{cases} 1, & x \in [1,2]\text{일 때} \\ 0, & x \in \mathbb{R} - [1,2]\text{일 때} \end{cases}$$

인 함수이다.

〚 예 〛 5.9 집합 $X \neq \phi$와 $A \subseteq X$에 대해

$$i : A \to X$$

$$i(x) = x$$

로 정의되는 함수를 **포함함수**(inclusion function)라고 부른다.
포함함수는 정의역이 부분집합이므로 항등함수와 구분된다.

〚 예 〛 5.10 $X = \phi$일 때 공집합 관계 $\phi \subseteq \phi \times \phi$는 아무런 대응도 없지만 함수의 공리를 만족한다. 이런 함수를 **공집합 함수**(empty function)라 한다.

〚 예 〛 5.11 함수 $f : \mathbb{R} \to \mathbb{R}, f(x) = [x]$를 생각하자.
여기서 $[x]$는 x보다 작거나 같은 최대 정수이다.

예를 들어 $[-\frac{1}{2}] = -1$, $[\sqrt{2}] = 1$ 등이다.
그러면 함수 f의 치역은 $\mathbb{Z}$로서 공역 $\mathbb{R}$의 진부분 집합이다. 이를 평면 위에 그래프로 나타내면 아래 그림과 같다.

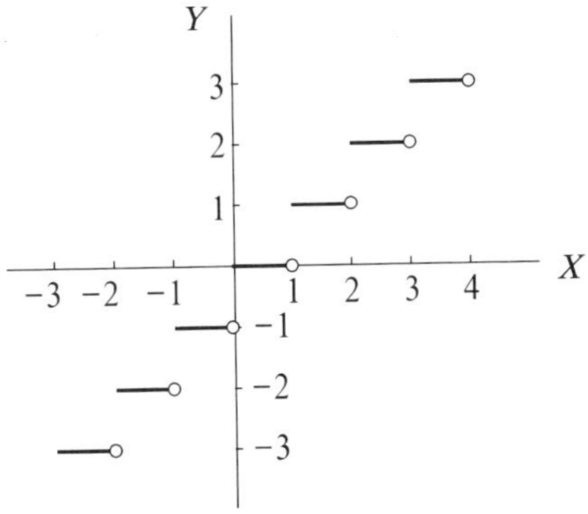

그림 15 $f(x) = [x]$의 그래프

정 리 **5.12** $f : X \to Y$가 함수이고
$\mathrm{Im}(f) \subseteq W$이면
$f : X \to W$도 함수이다.

증명.
(1) $f \subseteq X \times W$

$(\because)$ $(x, y) \in f$
$\Longrightarrow x \in \mathrm{Dom}(f) \wedge y \in \mathrm{Im}(f)$
$\Longrightarrow x \in X \wedge y \in W \quad (\because \mathrm{Im}(f) \subseteq W)$
$\Longrightarrow (x, y) \in X \times W$
따라서 $f \subseteq X \times W$

(2) $\mathrm{Dom}(f) = X$
$(\because)$ $f : X \to Y$가 함수이므로 성립한다.
(3) $(x, y) \in f \ \wedge \ (x, z) \in f \Longrightarrow y = z$

$(\because)$ $f : X \to Y$가 함수이므로 성립한다.
위 1), 2), 3)에 의해 $f : X \to W$도 함수이다. □

⟦ 예 ⟧ **5.13** $f : \mathbb{N} \to \mathbb{R},\ f(x) = 2x$인 함수가 있으면
$f(\mathbb{N}) \subseteq \mathbb{Q}$이므로
$f : \mathbb{N} \to \mathbb{Q},\ f(x) = 2x$도 함수이고,
$f(\mathbb{N}) \subseteq \mathbb{N}$이므로
$f : \mathbb{N} \to \mathbb{N},\ f(x) = 2x$도 함수가 된다.

정 리 **5.14** $f : X \to Y$ 와 $g : X \to Y$가 함수라 할 때,
$f = g \iff \forall x \in X,\ f(x) = g(x)$

증명. $(\Longrightarrow)$ $f = g$이고 $x \in X$라 하자.

$$y = f(x) \iff (x, y) \in f \tag{5.1}$$
$$\iff (x, y) \in g \quad (\because f = g) \tag{5.2}$$
$$\iff y = g(x) \tag{5.3}$$

$\therefore f(x) = g(x)$
$(\Longleftarrow)$

$$(x, y) \in f \iff y = f(x) \tag{5.4}$$
$$\iff y = g(x) \quad (\because f(x) = g(x)) \tag{5.5}$$
$$\iff (x, y) \in g \tag{5.6}$$

$\therefore f = g$ □

정 리 **5.15** 두 함수 $f : A \to C,\ g : B \to D$가
$\forall x \in A \cap B,\ f(x) = g(x)$일 때
$h = f \cup g : A \cup B \to C \cup D$를

$$h(x) = \begin{cases} f(x) & x \in A \\ g(x) & x \in B \end{cases}$$

로 정의하면 h도 함수이다.

증명.
(1) $h \subseteq (A \cup B) \times (C \cup D)$

$(\because)$ $f : A \to C$와 $g : B \to D$가 함수이므로,
$f \subseteq A \times C$이고 $g \subseteq B \times D$이다.
따라서 $h = f \cup g \subseteq (A \times C) \cup (B \times D)$.
그런데 $A \times C \subseteq (A \cup B) \times (C \cup D)$이고
$B \times D \subseteq (A \cup B) \times (C \cup D)$이므로,
$(A \times C) \cup (B \times D) \subseteq (A \cup B) \times (C \cup D)$.
그러므로 $h \subseteq (A \cup B) \times (C \cup D)$.

(2) $\mathrm{Dom}(h) = A \cup B$

$(\because)$ $\mathrm{Dom}(h) = \mathrm{Dom}(f \cup g) = \mathrm{Dom}(f) \cup \mathrm{Dom}(g) = A \cup B$

(3) $(x, y) \in h$이고 $(x, z) \in h$라 하자.
임의의 $x \in \mathrm{Dom}(h) = A \cup B$에 대해 다음 세 가지 경우가 있다.

경우 1) $x \in A - B$
$(x, y) \in f \wedge (x, z) \in f \Longrightarrow y = z$ $(\because f$: 함수$)$
경우 2) $x \in B - A$
$(x, y) \in g \wedge (x, z) \in g \Longrightarrow y = z$ $(\because g$: 함수$)$
경우 3) $(x, y) \in A \cap B$

$$(x, y) \in f \wedge (x, z) \in f \Longrightarrow y = z$$

즉, 모든 경우에 대해 $y = z$가 된다.

따라서 h는 함수이다. □

【 예 】 **5.16** 두 함수 $f : [0, 1] \to \mathbb{R},\ f(x) = 2x - 1$와
$g : [1, 2] \to \mathbb{R},\ g(x) = x^2$가 있으면
$f(1) = 1 = g(1)$이므로
$h = f \cup g : [0, 2] \to \mathbb{R}$도 함수이다.

5.1 연습문제

1. 다음 각 그림의 함수가 $X = \{u, y, z\}$에서 $Y = \{u, v, w\}$로 가는 함수가 되는지 알아 보고 안될 경우 그 이유를 밝혀라.

(a)

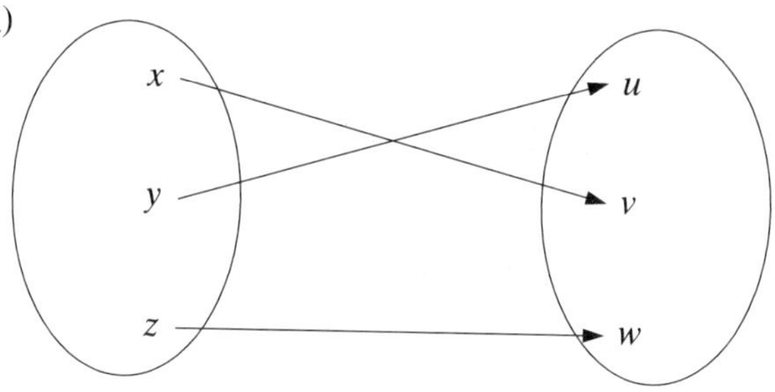

(b)

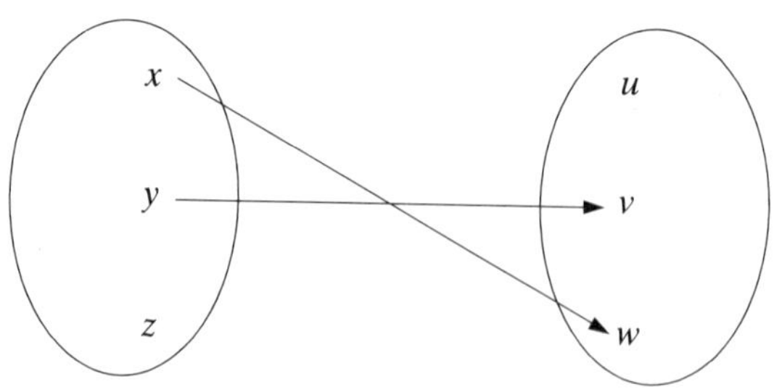

(c)

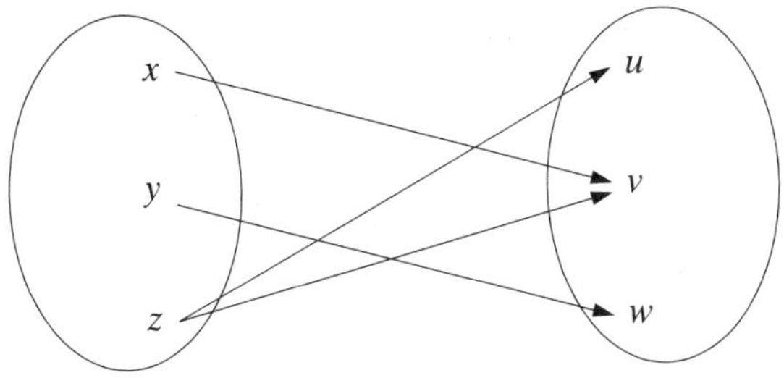

2. 다음과 같이 정의된 함수 $f : \mathbb{R} \to \mathbb{R}$가 있다.

$$f(x) = \begin{cases} 1 & x\text{가 유리수 일 때} \\ -1 & x\text{가 무리수 일 때} \end{cases}$$

이 경우 $f(\frac{1}{3}), f(\sqrt{3}), f(1.323232\cdots)$를 구하여라.

3. 다음과 같이 정의된 함수 $f : \mathbb{R} \to \mathbb{R}$에 대하여 $f(-7), f(3), f(6)$를 차례로 구하여라.

$$f(x) = \begin{cases} 4x+3, & x > 5 \\ x^2 - 2, & -6 \le x \le 5 \\ 4 - 5x, & x < -6 \end{cases}$$

4. 집합 $X = \{2, -1, 0, 1, 2\}$에서 $f(x) = x^3 - 1$으로 정의된 함수 $f : X \to \mathbb{R}$의 치역을 구하여라.

5. 다음 각 식에 의하여 정의된 $\mathbb{R}$에서 $\mathbb{R}$로 가는 함수의 치역을 구하여라.

   (a) $f(x) = 2x^2 + 5$

   (b) $g(x) = \cos x$

   (c) $h(x) = x^3 - 1$

6. 두 집합 X, Y에 대하여 $X \subseteq Y$, $f = \{(x, x) \mid x \in X\}$일 때 f는 X에서 Y로 가는 함수임을 증명하여라.

7. $X = \{x, y, z\}$, $Y = \{1, 2, 3\}$에 대하여 다음 관계들이 X에서 Y로 가는 함수가 되는지 알아보아라.

   (a) $f = \{(x, 1), (y, 2), (z, 3)\}$

   (b) $g = \{(x, 2), (y, 3), (z, 2)\}$

   (c) $h = \{(x, 2), (y, 1)\}$

   (d) $k = \{(x, 1), (y, 2), (y, 1), (z, 3)\}$

8. $X = \{x, y, z\}$, $Y = \{1, 2\}$에 대하여 X에서 Y로 가는 함수는 몇 개인가? 일반적으로 집합 X, Y의 원소가 각각 m, n이면 X에서 Y로 가는 함수는 몇 개인가?

9. 위 문제의 함수 중 상수함수는 몇 개인가?

10. 함수 $f : X \to Y$에 대하여 f의 공집합이 아닌 각 부분집합 g에 따라 함수가 생긴다. 이것을 증명하여라.

11. X에서 X로 가는 함수 $f : X \to X$가 X 위의 반사적관계이면 f는 항등함수 $1_X : X \to X$이다. 이것을 증명하여라.

12. X가 단위 구간 [0,1]일 때 함수 $f : X \to X$가 X위의 대칭적 관계가 된다. 이 함수 f를 구하여라.

13. 정의역과 공역이 각각 같은 두 함수 $f : X \to Y$, $g : X \to Y$가 있다. 이 경우 $f \subseteq g$ 이면 $f = g$이다. 이것을 증명하여라.

제 2 절 상과 역상

정 의 **5.17** $f : X \to Y$가 함수이고 $A \subseteq X, B \subseteq Y$일 때

(1) 집합

$$f(A) = \{f(x) \mid x \in A\}$$

을 f에 의한 A의 상(image)이라 한다.

(2) 집합

$$f^{-1}(B) = \{x \in X \mid f(x) \in B\}$$

를 f에 의한 B의 역상(inverse image)이라 한다.

참 고 **5.18** (1) $y \in f(A) \iff \exists a \in A, y = f(a)$.

(2) $x \in f^{-1}(B) \iff f(x) \in B$.

(3) $x \in A \Longrightarrow f(x) \in f(A)$.

(4) $f(x) \in f(A) \not\Longrightarrow x \in A$.

(5) f가 전단사이면, $x \in A \iff f(x) \in f(A)$이다.

(6) f가 전단사이면, $x \in A \iff f^{-1}(x) \in f^{-1}(A)$이다.

〚 예 〛 **5.19** 특성함수 $\chi_{[1,2]} : \mathbb{R} \to \{0,1\}$에 대해
$\chi_{[1,2]}([1,2]) = \{1\}$,
$\chi_{[1,2]}(\mathbb{R} - [1,2]) = \{0\}$,
$\chi_{[1,2]}([1,3]) = \{0,1\}$,
$\chi_{[1,2]}(\mathbb{R}) = \{0,1\}$이다. 또한
$\chi_{[1,2]}^{-1}(\{1\}) = [1,2]$,

$\chi_{[1,2]}^{-1}(\{0\}) = \mathbb{R} - [1,2]$,
$\chi_{[1,2]}^{-1}(\{0,1\}) = \mathbb{R}$이다.

⟦ 예 ⟧ **5.20** 상수함수 $f : \mathbb{R} \to \mathbb{R}$, $f(x) = 3$에 대해,
$f(\{1\}) = \{3\}$,
$f([1,2]) = \{3\}$,
$f(\mathbb{R}) = \{3\}$,
$f^{-1}(\{3\}) = \mathbb{R}$이다.

정 리 **5.21** $f : X \to Y$가 함수일 때 아래 사실이 성립한다.

(1) $f(\phi) = \phi$

(2) $f(\{x\}) = \{f(x)\},\ \forall x \in X$

(3) $A \subseteq B \subseteq X \Longrightarrow f(A) \subseteq f(B)$

(4) $C \subseteq D \subseteq Y \Longrightarrow f^{-1}(C) \subseteq f^{-1}(D)$

증명. (1) $f(\phi) = \{f(x) \mid x \in \phi\} = \phi$
(2) $f(\{x\}) = \{f(a) \mid a \in \{x\}\} = \{f(x)\}$
(3) $y \in f(A)$
$\Longrightarrow \exists a \in A,\ y = f(a)$
$\Longrightarrow \exists a \in B,\ y = f(a) \quad (\because A \subseteq B)$
$\Longrightarrow y = f(a) \in f(B)$
$\therefore f(A) \subseteq f(B)$
(4) $x \in f^{-1}(C)$
$\Longrightarrow f(x) \in C$
$\Longrightarrow f(x) \in D$
$\Longrightarrow x \in f^{-1}(D)$
$\therefore f^{-1}(C) \subseteq f^{-1}(D)$ □

⟦ 예 ⟧ 5.22 $f:\mathbb{R}\to\mathbb{R},\ f(x)=2x$인 함수와 두 집합
$[0,1]\subseteq[0,2]$에 대해 상과 역상의 포함관계는
$f([0,1])=[0,2]\subseteq[0,4]=f([0,2])$,
$f^{-1}([0,1])=[0,\frac{1}{2}]\subseteq[0,1]=f^{-1}([0,2])$이다.
또한 $f(\{1\})=\{2\}=\{f(1)\}$이다.

참 고 5.23 분명히 같은 집합에 대한 상은 같다.
즉, $C=D\Longrightarrow f(C)=f(D)$이다.
그러나 상이 같다고 해서 원래 집합이 같은 것은 아니다.
즉 $f(C)=f(D)\not\Longrightarrow C=D$이다.
아래 그림과 같이 주어진 함수를 생각하면
$f(C)=f(D)=\{1,2\}$이지만 $C\neq D$이다.

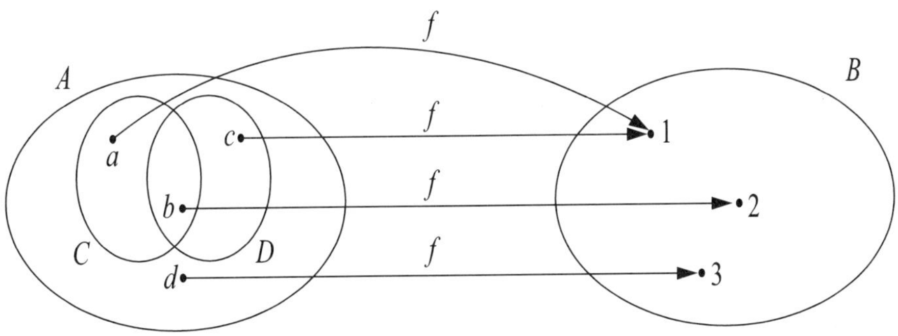

그림 16 $f(C)=f(D)\not\Longrightarrow C=D$

참 고 5.24 같은 집합에 대한 역상은 같다.
즉, $C=D\Longrightarrow f^{-1}(C)=f^{-1}(D)$이다.
그러나 역상이 같다고 해서 원래 집합이 같은 것은 아니다.
즉 $f^{-1}(C)=f^{-1}(D)\not\Longrightarrow C=D$이다.
아래 그림과 같이 주어진 함수를 생각하면
$f^{-1}(C)=f^{-1}(D)=\{a\}$이지만 $C\neq D$이다.

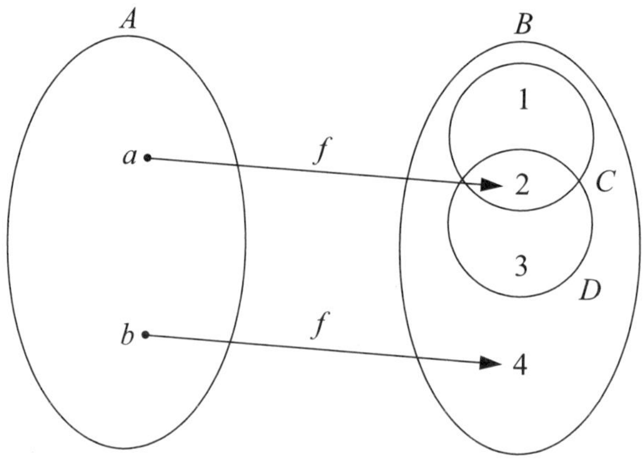

그림 17 $f^{-1}(C) = f^{-1}(D) \not\Longrightarrow C = D$

⟦ 예 제 ⟧ 5.25 $f(A) \subseteq B \iff A \subseteq f^{-1}(B)$

풀이. $(\Longrightarrow)$ $a \in A$

$\Longrightarrow f(a) \in f(A)$

$\Longrightarrow f(a) \in B$

$\Longrightarrow a \in f^{-1}(B)$

$\therefore A \subseteq f^{-1}(B)$

반대 방향도 쉽게 보일 수 있다.

정 리 **5.26** $f : X \to Y$가 함수이고
$\{A_\gamma \mid \gamma \in \Gamma\}$가 X의 부분집합족일 때 다음이 성립한다.

(1) $f(\bigcup_{\gamma\in\Gamma} A_\gamma) = \bigcup_{\gamma\in\Gamma} f(A_\gamma)$

(2) $f(\bigcap_{\gamma\in\Gamma} A_\gamma) \subseteq \bigcap_{\gamma\in\Gamma} f(A_\gamma)$

증명. (1)

$$
\begin{aligned}
y \in f(\bigcup_{\gamma\in\Gamma} A_\gamma) &\iff \exists x \in \bigcup_{\gamma\in\Gamma} A_\gamma,\ f(x) = y & (5.7)\\
&\iff [\exists\gamma \in \Gamma, x \in A_\gamma] \wedge f(x) = y & (5.8)\\
&\iff \exists\gamma \in \Gamma, y = f(x) \in f(A_\gamma) & (5.9)\\
&\iff y \in \bigcup_{\gamma\in\Gamma} f(A_\gamma) & (5.10)
\end{aligned}
$$

$\therefore f(\bigcup_{\gamma\in\Gamma} A_\gamma) = \bigcup_{\gamma\in\Gamma} f(A_\gamma)$

(2) $\bigcap_{\gamma\in\Gamma} A_\gamma \subseteq A_\lambda, \forall\lambda \in \Gamma$
$\Longrightarrow f(\bigcap_{\gamma\in\Gamma} A_\gamma) \subseteq f(A_\lambda), \forall\lambda \in \Gamma$
$\therefore f(\bigcap_{\gamma\in\Gamma} A_\gamma) \subseteq \bigcap_{\lambda\in\Gamma} f(A_\lambda) = \bigcap_{\gamma\in\Gamma} f(A_\gamma)$ □

⟦ 예 ⟧ 5.27 $f : \mathbb{R} \to \mathbb{R},\ f(x) = 2x$인 함수에 대해 $A_n = [0, \frac{1}{n}],\ n \in \mathbb{N}$을 생각하자.

$$
\begin{aligned}
f(\bigcup_{n\in\mathbb{N}} A_n) &= f(\bigcup_{n=1}^{\infty} \left[0, \frac{1}{n}\right]) & (5.11)\\
&= f([0,1]) & (5.12)\\
&= [0,2] & (5.13)
\end{aligned}
$$

$$
\begin{aligned}
\bigcup_{n\in\mathbb{N}} f(A_n) &= \bigcup_{n=1}^{\infty} f(A_n) & (5.14)\\
&= \bigcup_{n=1}^{\infty} f(\left[0, \frac{1}{n}\right]) & (5.15)\\
&= \bigcup_{n=1}^{\infty} \left[0, \frac{2}{n}\right] & (5.16)\\
&= [0,2] & (5.17)
\end{aligned}
$$

따라서 $f(\bigcup_{n\in\mathbb{N}} A_n) = \bigcup_{n\in\mathbb{N}} f(A_n)$이 됨을 알 수 있다.

⟦ 예 ⟧ **5.28** $f:\mathbb{R}\to\mathbb{R},\ f(x)=3$인 상수함수와
$A_n=(0,\frac{1}{n}),\ n\in\mathbb{N}$을 생각하자.

$$\begin{aligned} f(\bigcap_{n\in\mathbb{N}} A_n) &= f(\bigcap_{n=1}^{\infty}\left(0,\frac{1}{n}\right)) && (5.18)\\ &= f(\phi) && (5.19)\\ &= \phi && (5.20)\end{aligned}$$

$$\begin{aligned} \bigcap_{n\in\mathbb{N}} f(A_n) &= \bigcap_{n=1}^{\infty} f(A_n) && (5.21)\\ &= \bigcap_{n=1}^{\infty} f(\left(0,\frac{1}{n}\right)) && (5.22)\\ &= \bigcap_{n=1}^{\infty}\{3\} && (5.23)\\ &= \{3\} && (5.24)\end{aligned}$$

따라서 $f(\bigcap_{n\in\mathbb{N}} A_n)\subsetneq\bigcap_{n\in\mathbb{N}} f(A_n)$ 이다.

따름정리 **5.29** $f:X\to Y$가 함수이고 $A,B\subseteq X$일 때
(1) $f(A\cup B)=f(A)\cup f(B)$,
(2) $f(A\cap B)\subseteq f(A)\cap f(B)$.

⟦ 예 ⟧ **5.30** $f:\mathbb{R}\to\mathbb{R},\ f(x)=x^2$인 함수에 대해
$A=[0,1],\ B=[1,2]$이면,
$f(A\cup B)=f([0,2])=[0,4]$가 되고,
$f(A)=[0,1],\ f(B)=[1,4]$이므로
$f(A)\cup f(B)=[0,4]$이 되어
$f(A\cup B)=f(A)\cup f(B)$가 된다.

그러나, $C = [-1, 0]$, $D = [0, 1]$이면,
$f(C \cap D) = f(\{0\}) = \{0\}$이 되고,
$f(C) = [0, 1]$, $f(D) = [0, 1]$이므로
$f(C) \cap f(D) = [0, 1]$이 되어
$f(C \cap D) \neq f(C) \cap f(D)$가 된다.

정 리 **5.31** $f : X \to Y$가 함수이고 $\{B_\gamma \mid \gamma \in \Gamma\}$가 Y의 부분집합족일 때 다음이 성립한다.
(1) $f^{-1}(\bigcup_{\gamma\in\Gamma} B_\gamma) = \bigcup_{\gamma\in\Gamma} f^{-1}(B_\gamma)$
(2) $f^{-1}(\bigcap_{\gamma\in\Gamma} B_\gamma) = \bigcap_{\gamma\in\Gamma} f^{-1}(B_\gamma)$

증명. (1)

$$\begin{aligned}
x \in f^{-1}(\bigcup_{\gamma\in\Gamma} B_\gamma) &\iff f(x) \in \bigcup_{\gamma\in\Gamma} B_\gamma && (5.25)\\
&\iff \exists\gamma \in \Gamma,\ f(x) \in B_\gamma && (5.26)\\
&\iff \exists\gamma \in \Gamma,\ x \in f^{-1}(B_\gamma) && (5.27)\\
&\iff x \in \bigcup_{\gamma\in\Gamma} f^{-1}(B_\gamma) && (5.28)
\end{aligned}$$

(2)

$$\begin{aligned}
x \in f^{-1}(\bigcap_{\gamma\in\Gamma} B_\gamma) &\iff f(x) \in \bigcap_{\gamma\in\Gamma} B_\gamma && (5.29)\\
&\iff \forall\gamma \in \Gamma,\ f(x) \in B_\gamma && (5.30)\\
&\iff \forall\gamma \in \Gamma,\ x \in f^{-1}(B_\gamma) && (5.31)\\
&\iff x \in \bigcap_{\gamma\in\Gamma} f^{-1}(B_\gamma) && (5.32)
\end{aligned}$$

□

⟦ 예 ⟧ 5.32 $f : \mathbb{R} \to \mathbb{R},\ f(x) = 2x$인 함수에 대해
$A_n = [0, \frac{1}{n}],\ n \in \mathbb{N}$을 생각하자.

$$f^{-1}(\bigcup_{n\in\mathbb{N}} A_n) = f^{-1}(\bigcup_{n=1}^{\infty}\left[0, \frac{1}{n}\right]) \tag{5.33}$$
$$= f^{-1}([0,1]) \tag{5.34}$$
$$= \left[0, \frac{1}{2}\right] \tag{5.35}$$

$$\bigcup_{n\in\mathbb{N}} f^{-1}(A_n) = \bigcup_{n=1}^{\infty} f^{-1}(A_n) \tag{5.36}$$
$$= \bigcup_{n=1}^{\infty} f^{-1}(\left[0, \frac{1}{n}\right]) \tag{5.37}$$
$$= \bigcup_{n=1}^{\infty} \left[0, \frac{1}{2n}\right] \tag{5.38}$$
$$= \left[0, \frac{1}{2}\right] \tag{5.39}$$

따라서 $f^{-1}(\bigcup_{n\in\mathbb{N}} A_n) = \bigcup_{n\in\mathbb{N}} f^{-1}(A_n)$가 됨을 알 수 있다.

따름정리 5.33 $f : X \to Y$가 함수이고 $C, D \subseteq Y$일 때
(1) $f^{-1}(C \cup D) = f^{-1}(C) \cup f^{-1}(D)$,
(2) $f^{-1}(C \cap D) = f^{-1}(C) \cap f^{-1}(D)$.

⟦ 예 ⟧ 5.34 $f : \mathbb{R} \to \mathbb{R},\ f(x) = x^2$인 함수에 대해
$A = [0,1],\ B = [1,4]$이면,
$f^{-1}(A \cup B) = f^{-1}([0,4]) = [-2,2]$가 되고,
$f^{-1}(A) = [-1,1],\ f^{-1}(B) = [-2,-1] \cup [1,2]$이므로
$f^{-1}(A) \cup f^{-1}(B) = [-2,2]$가 되어

$f^{-1}(A \cup B) = f^{-1}(A) \cup f^{-1}(B)$가 된다.
또한, $A = [0,1]$, $B = [1,4]$이면,
$f^{-1}(A \cap B) = f^{-1}(\{1\}) = \{-1,1\}$이 되고,
$f^{-1}(A) = [-1,1]$, $f^{-1}(B) = [-2,-1] \cup [1,2]$이므로
$f^{-1}(A) \cap f^{-1}(B) = \{-1,1\}$가 되어
$f^{-1}(A \cap B) = f^{-1}(A) \cap f^{-1}(B)$가 된다.

정 리 **5.35** $f : X \to Y$가 함수이고 $A \subseteq X$, $B \subseteq Y$일 때
(1) $A \subseteq f^{-1}(f(A))$,
(2) $f(f^{-1}(B)) \subseteq B$.

증명. (1) $x \in A$
$\Longrightarrow f(x) \in f(A)$ ($\because$ 상의 정의)
$\Longrightarrow x \in f^{-1}(f(A))$ ($\because$ 역상의 정의)
$\therefore A \subseteq f^{-1}(f(A))$
(2) $y \in f(f^{-1}(B))$
$\Longrightarrow \exists x \in f^{-1}(B),\ y = f(x)$ ($\because$ 상의 정의)
$\Longrightarrow \exists f(x) \in B,\ y = f(x)$ ($\because$ 역상의 정의)
$\Longrightarrow y \in B$
$\therefore f(f^{-1}(B)) \subseteq B$ □

⟦ 예 ⟧ 5.36 $f : \mathbb{R} \to \mathbb{R}$, $f(x) = x^2$인 함수에 대해 $A = [0,1]$이면,
$f^{-1}f(A) = f^{-1}(f([0,1])) = f^{-1}([0,1]) = [-1,1]$이므로
$A \subseteq f^{-1}f(A)$이다.

⟦ 예 ⟧ 5.37 $f : \mathbb{R} \to \mathbb{R}$, $f(x) = x^2$인 함수에 대해 $B = [-1,1]$이면,
$ff^{-1}(B) = f(f^{-1}([-1,1])) = f([-1,1]) = [0,1]$이므로
$ff^{-1}(B) \subseteq B$이다.

정 리 **5.38** $f : X \to Y$가 함수이고 $B, C \subseteq Y$일 때 $f^{-1}(B-C) = f^{-1}(B) - f^{-1}(C)$이다.

증명.

$$\begin{aligned} x \in f^{-1}(B-C) &\iff f(x) \in B - C && (5.40)\\ &\iff f(x) \in B \wedge f(x) \notin C && (5.41)\\ &\iff x \in f^{-1}(B) \wedge\ x \notin f^{-1}(C) && (5.42)\\ &\iff x \in f^{-1}(B) - f^{-1}(C) && (5.43) \end{aligned}$$

□

정 리 **5.39** $f : X \to Y$가 함수이고 $B \subseteq Y$일 때 $f^{-1}(B') = (f^{-1}(B))'$이다.

증명. $f^{-1}(Y) = X$이므로 위 정리에 의해,

$$\begin{aligned} f^{-1}(B') &= f^{-1}(Y - B) = f^{-1}(Y) - f^{-1}(B) && (5.44)\\ &= X - f^{-1}(B) = (f^{-1}(B))' && (5.45) \end{aligned}$$

□

⟦ 예 ⟧ 5.40 $f(x) = 2x,\ B = [2, \infty)$일 때,
$f^{-1}(B^c) = f^{-1}([2, \infty)^c) = f^{-1}((-\infty, 2)) = (-\infty, 1)$이고,
$(f^{-1}(B))^c = (f^{-1}([2, \infty)))^c = [1, \infty)^c = (-\infty, 1)$이므로
$f^{-1}(B^c) = (f^{-1}(B))^c$이다.

【 예 】 **5.41** $f(x) = x^2,\ B = [-1,1]$일 때,

$$\begin{aligned} f^{-1}(B^c) &= f^{-1}([-1,1]^c) && (5.46)\\ &= f^{-1}((-\infty,-1)\cup(1,\infty)) && (5.47)\\ &= f^{-1}((-\infty,-1))\cup f^{-1}((1,\infty)) && (5.48)\\ &= \phi\cup f^{-1}((1,\infty)) && (5.49)\\ &= f^{-1}((1,\infty)) && (5.50)\\ &= (-\infty,-1)\cup(1,\infty) && (5.51)\\ &= [-1,1]^c && (5.52) \end{aligned}$$

이고,
$(f^{-1}(B))^c = (f^{-1}([-1,1]))^c = [-1,1]^c$이므로
$f^{-1}(B^c) = (f^{-1}(B))^c$이다.

5.2 연습문제

1. 함수

$$f(x) = \begin{cases} 1, & x\text{가 유리수 일 때} \\ -1, & x\text{가 무리수 일 때} \end{cases}$$

   에 대하여 다음을 구하여라.

   (a) $f(\{-1,0,1\}), f(\{\sqrt{2},\pi\}), f(\{2,\log 2\})$

   (b) $f^{-1}(\{0,1\}), f^{-1}(\{-1\}), f^{-1}(\{1\})$

2. 함수

$$f(x) = \begin{cases} 4x+3, & x>5 \\ x^2-2, & -6\le x\le 5 \\ 4-5x, & x<-6 \end{cases}$$

   에 대하여 다음을구하여라.

(a) $f(\{-7,3,6\}), f(\{-8,2,7\}), f(\{-9,1,8\})$

(b) $f^{-1}(\{0,1\}), f^{-1}(\{-3,3\}), f^{-1}(\{1,2,3\})$

3. $f: X \to Y$가 함수이고 $A, B \subseteq X$일 때 다음을 상의 정의을 사용하여 직접 증명하여라.

   (a) $f(A \cup B) = f(A) \cup f(B)$,

   (b) $f(A \cap B) \subseteq f(A) \cap f(B)$

4. $f: X \to Y$가 함수이고 $C, D \subseteq Y$일 때 다음을 역상의 정의를 사용하여 직접 증명하여라.

   (a) $f^{-1}(C \cap D) = f^{-1}(C) \cap f^{-1}(D)$,

   (b) $f^{-1}(C \cup D) = f^{-1}(C) \cup f^{-1}(D)$

5. 함수 $f: X \to Y$에 대하여 $A \subseteq X$, $B \subseteq Y$일 때 다음 명제가 거짓인 보기를 각각 하나씩 들어라.

   (a) $B \neq \phi \Longrightarrow f^{-1}(B) \neq \phi$

   (b) $f^{-1}(f(A)) = A$

   (c) $f(f^{-1}(B)) = B$

   (d) $f(X) = Y$

6. X, Y가 각각 집합일 때 모든 $(x, y) \in X \times Y$에 대하여

$$p_X(x,y) = x, \ p_Y(x,y) = y$$

와 같이 정의하고 각각 X-사영(projection), Y-사영이라 부른다. 지금 R이 X에서 Y로 가는 관계 즉 $R \subseteq X \times Y$이면 다음 사실이 성립함을 증명하여라.

$$p_X(R) = \mathrm{Dom}(R), \ p_Y(R) = \mathrm{Im}(R)$$

7. 함수 $f : X \to Y$에 대하여 $A \subseteq X$, $B \subseteq Y$일 때 다음 사실이 성립함을 증명하여라.

   (a) $f(A \cap f^{-1}(B)) = f(A) \cap B$

   (b) $f(f^{-1}(B)) = f(X) \cap B$

8. 함수 $f : X \to Y$와 $B \subseteq Y$에 대하여, $f^{-1}(Y - B) = X - f^{-1}(B)$가 성립함을 증명하여라.

9. 함수 $f : X \to Y$에 대하여 A, B가 각각 집합 X의 부분집합일때

$$f(A) \neq f(B) \Longrightarrow A \neq B$$

   가 성립하는지 알아보아라.

10. 함수 $f : X \to Y$에 대하여 $f(X) = Y$이고, B, C가 각각 집합 Y의 부분집합일때

$$f^{-1}(B) = f^{-1}(C) \Longrightarrow B = C$$

   을 증명하여라. $f(X) \neq Y$일 때도 성립하는지 알아보아라.

11. 함수 $f : X \to Y$에 대하여 A, B가 각각 집합 X의 부분집합일때

$$A \neq B \Longrightarrow f(A) \neq f(B)$$

   가 성립하는지 알아보아라. 전단사 함수일 때는 어떻게 되는가?

12. 함수 $f : X \to Y$에 대하여 A, B가 각각 집합 X의 부분집합일 때

$$f(A - B) = f(A) - f(B)$$

   가 성립하는지 알아보아라. 언제 성립하는가?

13. 함수 $f : X \to Y$에 대하여 A, B가 각각 집합 X의 부분집합일 때

$$f(A \cap B) = f(A) \cap f(B)$$

   가 성립하는지 알아보아라. 언제 성립하는가?

14. 함수 $f : X \to Y$에 대하여 A가 집합 X의 부분집합일 때

$$f(A^c) = f(A)^c$$

가 성립하는지 알아보아라. 언제 성립하는가?

15. $f(A) \subseteq B \iff A \subseteq f^{-1}(B)$을 증명하여라.

16. $A \subseteq f(B) \Longrightarrow f^{-1}(A) \subseteq B$가 성립하지 않는 예를 들어라.

17. $f^{-1}(A) \subseteq B \Longrightarrow A \subseteq f(B)$가 성립하지 않는 예를 들어라.

제 3 절 단사함수와 전사함수

정 의 **5.42** 함수 $f : X \to Y$가

(1) $f(a) = f(b) \Longrightarrow a = b$ 일 때, 이 함수를 **단사**(injective) 또는 **일대일**(one to one)이라 한다. 단사인 함수를 **단사함수**(injection)라 한다.

(2) $\forall y \in Y,\ \exists x \in X,\ f(x) = y$ 일 때, 이 함수를 **전사**(surjective) 또는 **위로**(onto)의 함수라 한다. 전사인 함수를 **전사함수**(surjection)라 한다.

(3) 함수 $f : X \to Y$가 단사이고 전사일 때 이 함수를 **전단사**(bijective)라 한다. 전단사인 함수를 간단히 **전단사함수**(bijection) 또는 **일대일 대응**(one to one correspondence)이라고 부른다.

⟦ 예 ⟧ **5.43** 아래 그림과 같이 주어진 함수는 단사함수이다.

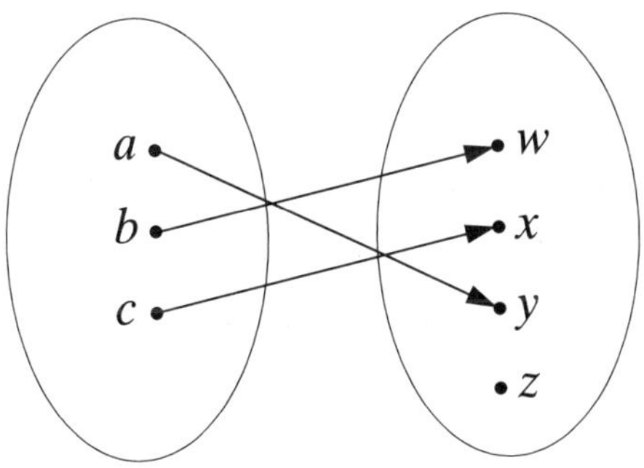

그림 18 단사함수

⟦ 예 ⟧ **5.44** 아래 그림과 같이 주어진 함수는 전사함수이다.

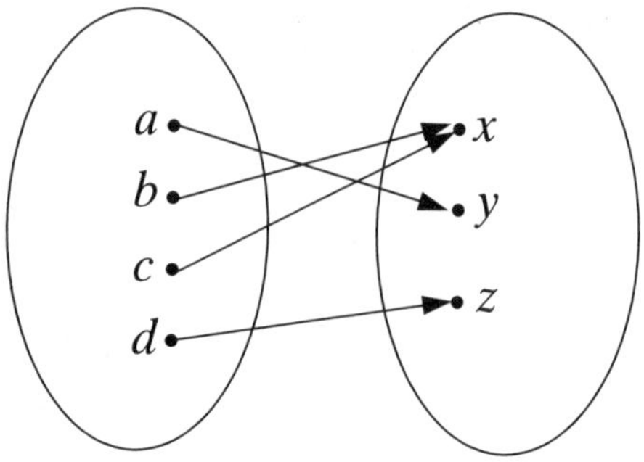

그림 19 전사함수

〚 **예** 〛**5.45** 아래 그림과 같이 주어진 함수는 전단사함수이다.

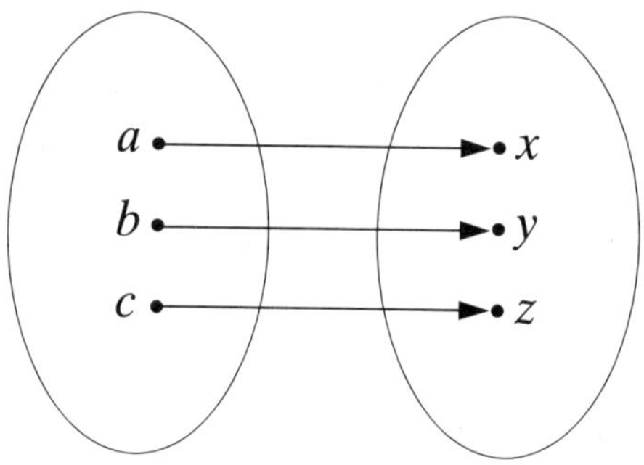

그림 20 전단사함수

참 고 **5.46** (1) $f : X \to Y$가 단사함수이기 위한 필요충분조건은 $a \neq b \Longrightarrow f(a) \neq f(b)$가 되는 것이다.

(2) $f : X \to Y$가 전사함수이기 위한 필요충분조건은 $f(X) = Y$가 되는 것이다.

참 고 **5.47** (1) $f : X \to Y$가 함수이면, $f : X \to f(X)$는 전사함수가 된다.

(2) $f : X \to Y$가 단사함수이면, $f : X \to f(X)$는 전단사함수가 된다.

〚 예 〛 **5.48** $f:\mathbb{R}\to\mathbb{R},\ f(x)=2x+1$인 함수 f는 전단사 함수이다.
$f:\mathbb{Z}\to\mathbb{Z},\ f(x)=2x+1$인 함수 f는 전단사 함수이다.
그러나 $f:\mathbb{N}\to\mathbb{N},\ f(x)=2x+1$인 함수 f는 단사이지만 전사가 아니다.

〚 예 〛 **5.49** $f:\mathbb{N}\to\mathbb{N},\ f(x)=x^2$인 함수 f는 단사이지만 전사가 아니다.
$f:\mathbb{Z}\to\mathbb{Z},\ f(x)=x^2$인 함수 f는 단사도 아니고 전사도 아니다.

〚 예 〛 **5.50** $g:\mathbb{R}\to\mathbb{R},\ g(x)=|x|$인 함수 g는 전사도 아니고 단사도 아닌 함수이다. 그러나
$g:\mathbb{R}\to\mathbb{R}^+,\ g(x)=|x|$로 생각하면 g는 전사함수가 되고,
$g:\mathbb{R}^+\to\mathbb{R}^+,\ g(x)=|x|$로 생각하면 g는 전단사함수가 된다.

〚 예 〛 **5.51** $h:\mathbb{R}\to\mathbb{R},\ h(x)=3$인 함수 h는 전사도 아니고 단사도 아닌 함수이다. 그러나
$h:\mathbb{R}\to\{3\},\ h(x)=3$로 생각하면 h는 전사함수가 되고,
$h:\{3\}\to\{3\},\ h(x)=3$로 생각하면 h는 전단사함수가 된다.

정 리 **5.52** $f:X\to Y$가 전단사함수이면
역관계 $f^{-1}:Y\to X$도 함수이고
실제로 f^{-1}는 전단사함수이다.

증명. (1) $\mathrm{Dom}(f^{-1})=\mathrm{Im}(f)=f(X)=Y$ ($\because f$: 전단사함수)

(2)

$$
\begin{aligned}
& (y, x_1) \in f^{-1} \wedge (y, x_2) \in f^{-1} && (5.53)\\
\Longrightarrow\ & (x_1, y) \in f \wedge (x_2, y) \in f && (5.54)\\
\Longrightarrow\ & f(x_1) = y \wedge f(x_2) = y && (5.55)\\
\Longrightarrow\ & f(x_1) = f(x_2) && (5.56)\\
\Longrightarrow\ & x_1 = x_2 \quad (\because f : \text{단사}) && (5.57)
\end{aligned}
$$

(1), (2)에 의해서 f^{-1}는 함수이다.
이제 f^{-1}가 전단사임을 보이자.

$$
\begin{aligned}
f^{-1}(y_1) = f^{-1}(y_2) \ & \Longrightarrow\ f^{-1}(y_1) = f^{-1}(y_2) = x && (5.58)\\
& \Longrightarrow\ f(x) = y_1 \wedge f(x) = y_2 && (5.59)\\
& \Longrightarrow\ y_1 = y_2 \quad (\because f : \text{함수}) && (5.60)
\end{aligned}
$$

$\therefore f^{-1}$는 단사함수이다.
또한 $\mathrm{Im}(f^{-1}) = \mathrm{Dom}(f) = X$
$\therefore f^{-1}$는 전사함수이다.
결국 f^{-1}는 전단사함수이다. □

정 의 **5.53** 전단사함수 f에서 얻어지는 함수 f^{-1}을 f의 역함수(inverse function)라 한다.

참 고 **5.54** f가 전단사함수이면
$y = f(x) \iff x = f^{-1}(y)$

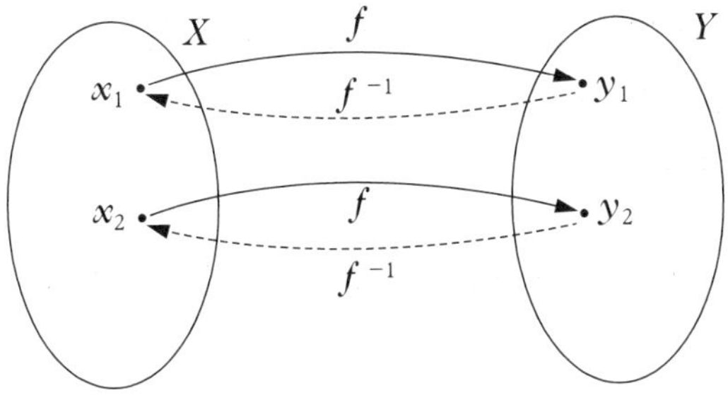

그림 21 $y = f(x) \iff x = f^{-1}(y)$

[[예]] 5.55 함수 $f : \{1,2,3\} \to \{a,b,c\}$, $f = \{(1,a),(2,c),(3,b)\}$는 전단사이다. 그러므로 $f^{-1} = \{(a,1),(c,2),(b,3)\}$는 $\{a,b,c\}$에서 $\{1,2,3\}$으로 가는 전단사함수이다.

[[예]] 5.56 함수 $f : \mathbb{R} \to \mathbb{R}$, $f(x) = 2x+1$에 대해 역함수를 구하면 $f^{-1}(x) = \frac{x}{2} - \frac{1}{2}$가 되어 전단사 함수가 됨을 알 수 있다.

참 고 **5.57** 역함수의 기호와 역상의 기호를 혼동하지 않도록 주의바란다. 역상의 기호는 모든 함수에 대해서 사용할 수 있지만, 역함수의 기호는 전단사 함수일 경우에만 사용할 수 있다. 즉, 임의의 함수 $f : X \to Y$에 대해 $f^{-1}(A)$와 같은 기호를 쓸 수 있지만, $f^{-1} : Y \to X$와 같은 기호는 f가 전단사함수일 때만 쓸 수 있다.

5.3 연습문제

1. 함수 $f : \mathbb{R} \to \mathbb{R}$이 모든 $x \in \mathbb{R}$에 대하여 $f(x) = 3x - 2$로 정의되었을 때 다음 물음에 답하여라.

   (a) 함수 f는 전단사임을 증명하여라.

   (b) 함수 f의 역함수 f^{-1}를 구하여라.

2. 함수 $g : (-\pi/2, \pi/2) \to \mathbb{R}$를 각 $x \in (-\pi/2, \pi/2)$에 대하여 $g(x) = \tan x$로 정의할 때, 이 함수 g는 전단사인가? 만일 그렇다면 그 역함수 g^{-1}를 구하여라.

3. 특성함수 $\chi_A : X \to \{0, 1\}$은 A가 공집합이 아닌 X의 진부분 집합일 때만 전사임을 증명하여라. 또, $\chi_A : X \to \{0, 1\}$가 단사인 것은 어느 때인가?

4. 상수함수 $C_b : X \to Y$는 $Y = \{b\}$일 때만 전사임을 증명하여라. $C_b : X \to Y$가 단사인 것은 어느 때인가?

5. X-사영 $p_X : X \times Y \to X$와 Y-사영 $p_Y : X \times Y \to Y$는 모두 전사임을 증명하여라. 또 X-사영이 단사인 것은 어느 때인가?

6. $f : A \times B \to B \times A,\ f(a, b) = (b, a)$라 할 때, 이 함수가 전단사임을 보여라.

7. 자연수의 집합 $\mathbb{N}$과 모든 짝수의 집합 사이에 일대일 대응이 존재함을 증명하여라.

8. 정수의 집합 $\mathbb{Z}$과 모든 홀수의 집합 사이에 일대일 대응이 존재함을 증명하여라.

9. m 개의 원소를 지닌 유한집합 X에 대하여 X에서 X위로 전단사는 모두 몇 개 있는가?

10. X, Y는 각각 m, n개의 원소를 지닌 유한한집합일 때 다음 사실이 성립함을 증명하여라.

    (a) $m > n$이면 단사 $f : X \to Y$는 존재하지 않는다.

    (b) $m \leq n$이면 $n!/(n-m)!$개의 단사가 존재한다.

11. 함수 $f : X \to Y$가 단사일 때 A, B가 각각 집합 X의 부분집합이면 $f(A - B) = f(A) - f(B)$ 임을 증명하여라.

12. 함수 $f : X \to Y$에 대하여 역관계 f^{-1} 가 Y에서 X로 가는 함수이면 $f : X \to Y$는 전단사이다. 이것을 증명하여라.

13. $f : (A \times B) \times C \to A \times (B \times C)$, $f((a, b), c) = (a, (b, c))$라 할 때, 이 함수가 전단사임을 보여라.

제 4 절 함수의 합성

정 의 **5.58** $f : X \to Y$ 와 $g : Y \to Z$가 함수일 때
합성(composition) $g \circ f : X \to Z$는

$$(g \circ f)(x) = g(f(x))$$

로 정의되는 함수이다. 집합을 사용하여 엄밀히 정의하면 아래와 같다.

$$g \circ f = \{(x, z) \in X \times Z \mid \exists y \in Y,\ (x, y) \in f \wedge (y, z) \in g\}$$

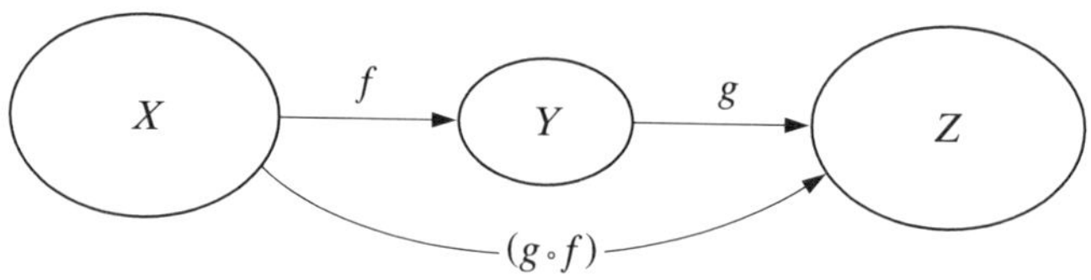

그림 22 합성함수

참 고 **5.59** f와 g가 함수일 때 합성함수 $g \circ f : X \to Z$는 실제로 함수가 된다.

참 고 **5.60** 함수의 합성은 교환 법칙이 성립하지 않는다.
즉, $g \circ f \neq f \circ g$.

⟦ 예 ⟧ 5.61 함수 f와 g가 아래 그림과 같이 정의 되었을 경우 합성함수 $g \circ f$의 함수값은 다음과 같다.

$(g \circ f)(a) = g(f(a)) = g(y) = t$

$(g \circ f)(b) = g(f(b)) = g(z) = r$

$(g \circ f)(c) = g(f(c)) = g(y) = t$

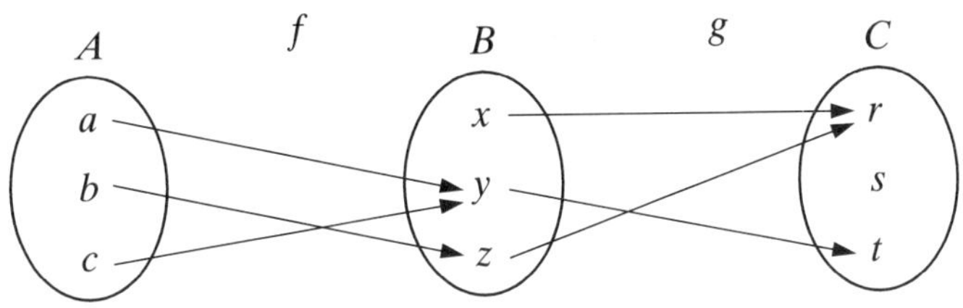

그림 23 합성함수 $g \circ f$

⟦ 예 ⟧ **5.62** $\mathbb{R}$에서 $\mathbb{R}$로 가는 두 함수
$f(x) = 3x,\ g(x) = x^2 + 1$에 대해 합성함수를 구하면
$(f \circ g)(x) = f(g(x)) = f(x^2+1) = 3(x^2+1) = 3x^2+3$
$(g \circ f)(x) = g(f(x)) = g(3x) = (3x)^2 + 1 = 9x^2 + 1$
과 같이 다른 함수가 됨을 알 수 있다.

정 리 **5.63** [결합법칙(associative law)]
$f : X \to Y$
$g : Y \to Z$
$h : Z \to W$
$\Longrightarrow (h \circ g) \circ f = h \circ (g \circ f)$

증명. (1) $\mathrm{Dom}((h \circ g) \circ f) = \mathrm{Dom}(f) = X$
$\mathrm{Dom}(h \circ (g \circ f)) = \mathrm{Dom}(g \circ f) = \mathrm{Dom}(f) = X$
$\therefore \mathrm{Dom}((h \circ g) \circ f) = \mathrm{Dom}(h \circ (g \circ f))$.
(2) $\forall x \in X$,

$$((h \circ g) \circ f)(x) = (h \circ g)(f(x)) \tag{5.61}$$
$$= h(g(f(x))) \tag{5.62}$$
$$= h((g \circ f)(x)) \tag{5.63}$$
$$= (h \circ (g \circ f))(x) \tag{5.64}$$

(1), (2) 에 의해서 $(h \circ g) \circ f = h \circ (g \circ f)$ □

항등함수는 함수의 합성 연산에 대해 항등원의 역할을 한다.

정 리 5.64 임의의 함수 $f : X \to Y$에 대해 다음 사실이 성립한다.
(1) $f \circ 1_X = f$
(2) $1_Y \circ f = f$.

증명. 연습문제. □

역함수는 함수의 합성 연산에 대해 역원의 역할을 한다.

정 리 5.65 함수 $f : X \to Y$가 역함수 f^{-1}를 가지면 다음 사실이 성립한다.
(1) $f^{-1} \circ f = 1_X$
(2) $f \circ f^{-1} = 1_Y$

증명. (1) $x \in X$라 하고, $y = f(x)$라 하면 $x = f^{-1}(y)$이다.
$(f^{-1} \circ f)(x) = f^{-1}(f(x)) = f^{-1}(y) = x = 1_X(x)$
모든 $x \in X$에 대해 성립하므로 $f^{-1} \circ f = 1_X$이다.

(2) 비슷한 방법으로 증명된다. □

⟦ **예** ⟧ **5.66** 집합 $A = \{a, b\}$, $B = \{1, 2, 3\}$에 대해
단사함수 $f : A \to B$, $f(a) = 1, f(b) = 2$가 정의되었을 경우 함수 $g : B \to A$를 아래 그림과 같이 정의하면 $g \circ f = 1_A$가 된다.

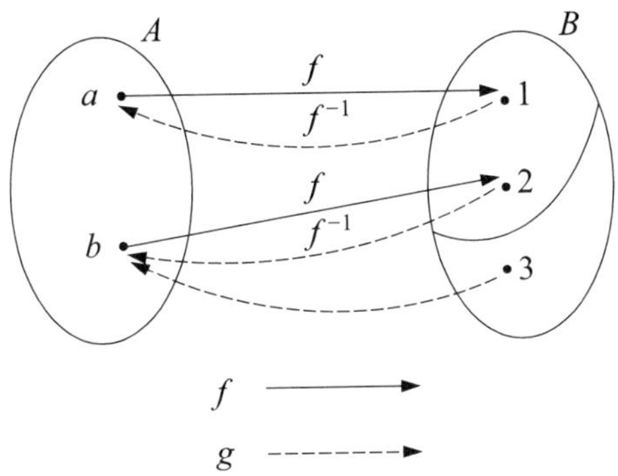

그림 24 $g \circ f = 1_A$

정 리 **5.67** $f: X \to Y$가 함수일 때
$\exists g: Y \to X,\ g \circ f = 1_X \iff f$: 단사함수

증명. ($\Rightarrow$)

$$\begin{aligned} f(x_1) = f(x_2) &\implies f(x_1) = f(x_2) \in Y && (5.65)\\ &\implies g(f(x_1)) = g(f(x_2)) \quad (\because g : \text{함수}) && (5.66)\\ &\implies (g \circ f)(x_1) = (g \circ f)(x_2) && (5.67)\\ &\implies 1_X(x_1) = 1_X(x_2) && (5.68)\\ &\implies x_1 = x_2 \quad (\because 1_X : \text{전단사함수}) && (5.69) \end{aligned}$$

($\Leftarrow$) f가 단사이므로 공변역을 줄인 함수 $f: X \to f(X)$는 전단사함수이다(참고 5.47). 따라서 역함수 $f^{-1}: f(X) \to X$가 존재한다. 이제 $g: Y \to X$를

$$g(y) = \begin{cases} f^{-1}(y), & y \in f(X)\text{일 때} \\ x_0 \in X, & y \notin f(X)\text{일 때} \end{cases}$$

와 같이 정의하면 g는 함수가 된다(정리 5.15). 단 x_0는 X의 임의의 원소이다. $x \in X$에 대해 $y = f(x)$라 하면,

$(g \circ f)(x) = g(f(x)) = g(y) = f^{-1}(y) = x = 1_X(x)$이다.
따라서 $g \circ f = 1_X$가 된다. □

정 리 **5.68** $f : X \to Y$가 함수일 때
$\exists h : Y \to X,\ f \circ h = 1_Y \iff f$: 전사함수

증명. $(\Rightarrow)$ $y \in Y$라 하자.
$\Longrightarrow h(y) \in X$이다.
$\Longrightarrow \exists h(y) \in X, f(h(y)) = (f \circ h)(y) = 1_Y(y) = y$
따라서 f : 전사함수
$(\Leftarrow)$ $f : X \to Y$가 전사함수이므로 $y \in Y$에 대해 원상이 항상 존재한다.
$f(x) = y$가 되는 x중 하나를 x_y라 하고,
함수 $h : Y \to X,\quad h(y) = x_y$를 정의하자.
그러면 모든 $y \in Y$에 대해
$(f \circ h)(y) = f(h(y)) = f(x_y) = y = 1_Y(y)$이다.
따라서 $f \circ h = 1_Y$. □

정 리 **5.69 역함수의 유일성**(uniqueness of the inverse)
두 함수 $f : X \to Y$와 $g : Y \to X$가
$g \circ f = 1_X$이고 $f \circ g = 1_Y$이면
f는 전단사함수이고 $g = f^{-1}$이다.

증명. 위 정리에 의해 f가 전단사함수가 되는 것은 분명하다.
이제 $g = f^{-1}$을 보이자.

$$x = g(y) \implies f(x) = f(g(y)) = (f \circ g)(y) = 1_Y(y) = y \quad (5.70)$$
$$\implies x = f^{-1}(y). \quad (5.71)$$

또한

$$
\begin{aligned}
x = f^{-1}(y) &\implies y = f(x) && (5.72)\\
&\implies g(y) = g(f(x)) = (g \circ f)(x) = 1_X(x) = x && (5.73)\\
&\implies x = g(y). && (5.74)
\end{aligned}
$$

따라서 $\forall y \in Y,\ x = f^{-1}(y) \iff x = g(y)$이다.
따라서 $\forall y \in Y,\ f^{-1}(y) = g(y)$.
즉 $f^{-1} = g$. □

정 리 **5.70** $f : X \to Y,\ \ g : Y \to Z$일 때
(1) f와 g가 단사이면, $g \circ f$ 도 단사이다.
(2) f와 g가 전사이면, $g \circ f$ 도 전사이다.
(3) f와 g가 전단사이면, $g \circ f$ 도 전단사이다.

증명.
(1)

$$
\begin{aligned}
(g \circ f)(a) = (g \circ f)(b) &\implies g(f(a)) = g(f(b))\\
&\implies f(a) = f(b) \quad (\because g : \text{단사})\\
&\implies a = b \quad (\because f : \text{단사})
\end{aligned}
$$

$\therefore g \circ f$ 는 단사함수이다.
(2)

$$
\begin{aligned}
(g \circ f)(X) &= g(f(X))\\
&= g(Y) \quad (\because f : \text{전사})\\
&= Z \quad (\because g : \text{전사})
\end{aligned}
$$

따라서 $g \circ f$ 는 전사함수이다.

(3) 위의 (1)과 (2)로부터 성립한다. □

정 리 **5.71** 전단사함수 $f : X \to Y,\ \ g : Y \to Z$에 대해 $(g \circ f)^{-1} = f^{-1} \circ g^{-1}$

증명. f와 g가 전단사이므로 합성함수 $g \circ f$도 전단사가 되고, 따라서 역함수를 가진다.
또한 역함수의 유일성(정리 5.69)에 의해 아래 두 가지 사실만 보이면 된다.

$$(f^{-1} \circ g^{-1}) \circ (g \circ f) = 1_X,$$

$$(g \circ f) \circ (f^{-1} \circ g^{-1}) = 1_Y.$$

그런데 함수의 합성은 결합법칙이 성립하므로

$$\begin{aligned}(f^{-1} \circ g^{-1}) \circ (g \circ f) &= f^{-1} \circ [g^{-1} \circ (g \circ f)] \\ &= f^{-1} \circ [(g^{-1} \circ g) \circ f] \\ &= f^{-1} \circ [1_Y \circ f] \\ &= f^{-1} \circ f \\ &= 1_X\end{aligned}$$

나머지도 마찬가지로 보일 수 있다.
따라서 $(g \circ f)^{-1} = f^{-1} \circ g^{-1}$이다. □

정 리 **5.72** $f : X \to Y,\ \ g : Y \to Z$일 때 $g \circ f$가 단사함수이면 f도 단사함수이다.

증명. 대우명제를 증명하자.
f가 단사가 아니라 하면,

$\exists\, a, b \in X,\ a \neq b \wedge f(a) = f(b)$

$\Longrightarrow \exists\, a, b \in X,\ a \neq b \wedge g(f(a)) = g(f(b))$

($\because g$: 함수)

$\Longrightarrow \exists\, a, b \in X,\ a \neq b \wedge (g \circ f)(a) = (g \circ f)(b)$

$\therefore g \circ f$는 단사가 아니다.

따라서 정리가 성립한다. □

정 리 **5.73** $f : X \to Y,\ \ g : Y \to Z$일 때 $g \circ f$가 전사함수이면 g도 전사함수이다.

증명. 대우명제를 증명하자.

g가 전사가 아니므로

$g(Y) \subsetneqq Z$

$\Longrightarrow g(f(X)) \subseteq g(Y) \subsetneqq Z$

$\Longrightarrow (g \circ f)(X) \subsetneqq Z$

$\therefore g \circ f$는 전사가 아니다.

따라서 정리가 성립한다. □

따름정리 **5.74** $f : X \to Y,\ \ g : Y \to Z$일 때 $g \circ f$가 전단사함수이면, f는 단사이고 g는 전사함수이다.

〚 **예** 〛 **5.75** $f : \mathbb{R}^+ \to \mathbb{R},\ f(x) = \sqrt{x}$,

$g : \mathbb{R} \to \mathbb{R}^+,\ g(x) = x^2$일 때

$g \circ f : \mathbb{R}^+ \to \mathbb{R}^+,\ g \circ f(x) = (\sqrt{x})^2$으로서 전단사함수이지만 f는 전사가 아닌 단사함수이고, g도 단사가 아닌 전사함수이다.

정 리 **5.76** $f : X \to Y$가 단사함수
$\iff \forall A \subseteq X,\ A = f^{-1}(f(A))$.

증명. ($\Rightarrow$) 분명히 $A \subseteq f^{-1}(f(A))$은 성립하므로 나머지 포함관계만 보이면 된다.
$x \in f^{-1}(f(A))$
$\Longrightarrow f(x) \in f(A)$
$\Longrightarrow \exists y \in A,\ f(x) = f(y)$
$\Longrightarrow \exists y \in A,\ y = x \quad (\because f$: 단사)
$\Longrightarrow x \in A$
$\therefore f^{-1}(f(A)) \subseteq A$
($\Leftarrow$) $f(a) = f(b)$
$\Longrightarrow \{a\} = f^{-1}(f(\{a\})) = f^{-1}(\{f(a)\}) = f^{-1}(\{f(b)\}) = f^{-1}(f(\{b\})) = \{b\}$
$\Longrightarrow \{a\} = \{b\}$
$\Longrightarrow a = b$.
따라서 단사함수이다. □

정 리 **5.77** $f : X \to Y$가 전사함수
$\iff \forall B \subseteq Y,\ B = f(f^{-1}(B))$.

증명. ($\Leftarrow$)

$$\begin{aligned} Y &= f(f^{-1}(Y)) \quad (\because Y \subseteq Y) \\ &= f(X) \quad (\because \text{함수의 정의}, f^{-1}(Y) = X) \end{aligned}$$

따라서 f는 전사함수
($\Rightarrow$) 분명히 $f(f^{-1}(B)) \subseteq B$는 성립하므로 나머지 포함관계만 보이면

된다.

대우법칙을 이용하기 위해 어떤 $B \subseteq Y$에 대해
$B \not\subseteq f(f^{-1}(B))$이라 하자.
$\Longrightarrow \exists y \in B,\ y \notin f(f^{-1}(B))$
$\Longrightarrow \exists y \in B,\ y \neq f(x)\ \forall x \in f^{-1}(B)$
$\Longrightarrow \exists y \in B,\ y \neq f(x),\ \forall f(x) \in B$
$\Longrightarrow \exists y \in B,\ y \notin B \cap f(X)$
$\Longrightarrow \exists y \in B \cap f(X)'$
$\Longrightarrow \exists y \in B - f(X) \subseteq Y - f(X)$
$\Longrightarrow Y \neq f(X)$
$\Longrightarrow f$: 전사가 아니다.
따라서 대우법칙에 의해 성립한다. □

5.4 연습문제

1. 모든 $x \in \mathbb{R}$에 대하여 $f(x) = 2x^3 + 1$, $g(x) = \cot x$로 각각 정의된 함수 $f : \mathbb{R} \to \mathbb{R}$, $g : \mathbb{R} \to \mathbb{R}$에 대하여 다음을 구하여라.

   (a) 합성함수 $g \circ f$

   (b) 합성함수 $f \circ g$

2. 모든 $x \in \mathbb{R}$에 대하여 $f(x) = \log_{10} x$, $g(x) = 10^x$로 각각 정의된 함수 $f : \mathbb{R}^+ \to \mathbb{R}$, $g : \mathbb{R} \to \mathbb{R}^+$에 대하여 다음을 구하여라.

   (a) 합성함수 $g \circ f : \mathbb{R}^+ \to \mathbb{R}^+$

   (b) 합성함수 $f \circ g : \mathbb{R} \to \mathbb{R}$

3. 세 함수 $f(x) = 2x^2 + 5$, $g(x) = \cos x$, $h(x) = x^3 - 1$에 대하여 다음을 구하여라.

   (a) 합성함수 $g \circ f$

(b) 합성함수 $h \circ g$

(c) 합성함수 $h \circ (g \circ f)$

(d) 합성함수 $(h \circ g) \circ f$

(e) 두 합성함수 $h \circ (g \circ f)$, $(h \circ g) \circ f$는 같은 함수인가?

4. 전단사함수 $f : X \to Y$와 그 역함수 $f^{-1} : Y \to X$에 대하여 $f^{-1} \circ f = 1_X$, $f \circ f^{-1} = 1_Y$임을 각각 증명하여라.

5. 함수 $f : X \to Y$와 두 함수 $g : Y \to X$, $h : Y \to X$가 존재함으로써 $g \circ f = 1_X$, $f \circ h = 1_Y$이면 $f : X \to Y$는 전단사이고 $g = h = f^{-1}$임을 증명하여라.

6. X에서 Y로 가는 관계 R, Y에서 Z로 가는 관계 T에 대하여 합성함수의 경우와 같이 두 관계의 **합성**(composition)을 다음과 같이 정의한다.

$$T \circ R = \{(x, z) \in X \times Z \mid (\exists y)[(x, y) \in R \wedge (y, z) \in T]\}$$

이때 다음을 증명하여라.

(a) $(T \circ R)^{-1} = R^{-1} \circ T^{-1}$

(b) 만일 S가 Z에서 W로 가는 관계이면 $S \circ (T \circ R) = (S \circ T) \circ R$

제 6 장

무한집합의 분류

이 장에서 다루는 내용

- 유한집합, 무한집합의 정의와 성질
- 집합의 대등
- 가부번집합, 비가부번집합
- 가산집합, 비가산집합

제 1 절 유한집합과 무한집합

이 장에서는 무한집합의 특성에 대해서 알아본다. 무한집합의 특성을 자세히 알아보기 위하여 데디킨트(Dedekind)가 정의한 무한집합의 정의를 사용하여 이론을 전개하기로 하자.

정 의 **6.1** 무한집합(infinite set): 적당한 진부분집합과 일대일 대응이 존재하는 집합
유한집합(finite set): 무한 집합이 아닌 집합

참 고 **6.2** X가 무한집합이 될 필요충분조건은 X에서 X로 가는 전사가 아닌 단사함수가 존재하는 것이다. 즉,
X가 무한집합
$\Longleftrightarrow$ $f: X \to X$이고 $f(X) \neq X$인 단사함수가 존재

⟦ 예 제 ⟧ 6.3 공집합과 한원소 집합(singleton set)은 유한집합이다.

풀이. 공집합의 진부분집합이 존재하지 않으므로 ϕ은 무한집합일 수 없다.
그러므로 ϕ은 유한집합이다.
임의의 한원소 집합 $\{a\}$에 대하여 이 집합의 진부분집합은 공집합 뿐이다.
그런데 $\{a\}$와 ϕ 사이에는 일대일 대응이 존재하지 않는다.
따라서 $\{a\}$는 유한집합이다.

⟦ 예 ⟧ 6.4 (1) 자연수의 집합 $\mathbb{N}$은 진부분 집합인 짝수의 집합 $\mathbb{N}_e$과 일대일 대응이 되므로 무한집합이다.
(2) 짝수의 집합 $\mathbb{N}_e$도 진부분 집합인 4의 배수의 집합과 일대일 대응이

되므로 무한집합이다.

정 리 **6.5** (1) X : 무한집합, $X \subseteq Y \Longrightarrow Y$: 무한집합
(2) Y : 유한집합, $X \subseteq Y \Longrightarrow X$: 유한집합

증명. (1) X가 무한집합이므로 $f : X \to X$이고 $f(X) \neq X$인 단사함수가 있다.

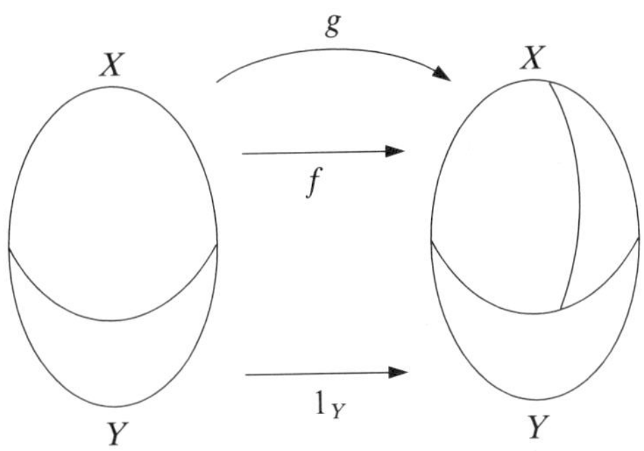

그림 25

지금 함수 $g : Y \to Y$를

$$g(y) = \begin{cases} f(y), & y \in X \text{일 때} \\ y, & y \in Y - X \text{일 때} \end{cases}$$

로 정의하면 g는 단사함수이다(그림 참조).

$(\because)$ $g(y) = g(y')$
$\Longrightarrow g(y) \in X$ 또는 $g(y) \in Y - X$이다.
i) $g(y) \in X$일 경우:
$\Longrightarrow g(y') \in X$
$\Longrightarrow f(y) = g(y) = g(y') = f(y')$

$\Longrightarrow y = y'$ $\quad (\because f : \text{단사})$

ii) $g(y) \in Y - X$일 경우:

$\Longrightarrow g(y') \in Y - X$

$\Longrightarrow y = g(y) = g(y') = y'$

$\Longrightarrow y = y'$

따라서 i)과 ii)에 의해 g는 단사함수이다.

또한 $g(Y) \neq Y$이다.

$(\because)$ $f : X \to X$가 전사함수가 아니므로

$\exists x_0 \in X,\ [f(x) \neq x_0, \forall x \in X]$

$\Longrightarrow x_0 \in Y$ 이고 $\forall y \in Y,\ g(y) \neq x_0$.

따라서 $g(Y) \neq Y$이다.

$\therefore Y$: 무한집합

(2) X가 무한집합이라고 가정하자.

위 (1)에 의해 $X \subseteq Y$이므로 Y도 무한집합이다.

이는 가정에 모순이 된다.

따라서 X는 유한집합이다. □

⟦ 예 ⟧ 6.6 $\mathbb{N} \subseteq \mathbb{Q}$이므로 유리수의 집합 $\mathbb{Q}$는 무한 집합이다.
$\mathbb{N} \subseteq \mathbb{R}$이므로 실수의 집합 $\mathbb{R}$은 무한 집합이다.

정 리 6.7 $f : X \to Y$: 전단사함수

(1) X : 무한집합 $\Longrightarrow Y$: 무한집합

(2) X : 유한집합 $\Longrightarrow Y$: 유한집합

증명. X가 무한집합이므로 전사가 아닌 단사함수 $g : X \to X$가 존재한다. 이제 함수 $h : Y \to Y$를

$$h(y) = (f \circ g \circ f^{-1})(y)$$

로 정의하자.

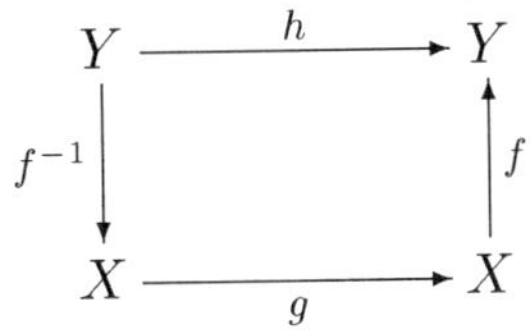

그림 26

그러면 세 함수 f^{-1}, g, f가 단사이므로 h도 단사함수가 된다.
또한 $h : Y \to Y$는 전사함수가 아니다.

$(\because)\ g(X) \neq X$
$\Longrightarrow f(g(X)) \neq f(X) \quad (\because f$: 전단사)
$\Longrightarrow f(g(f^{-1}(Y))) \neq f(f^{-1}(Y))$
$(\because f^{-1}(Y) = X)$
$\Longrightarrow h(Y) \neq 1_Y(Y) = Y$
따라서 $h(Y) \neq Y$이다.

따라서 Y는 무한집합이다.

(2) 만일 Y가 무한집합이면
$f^{-1} : Y \to X$가 전단사함수이므로,
X도 무한집합이 된다.
이것은 가정에 모순이 되므로 Y는 유한집합이다. □

⟦ 예 ⟧ 6.8 (1) $f : \mathbb{N} \to \mathbb{N}_o, f(x) = 2x - 1$는 자연수의 집합과 홀수의 집합 $\mathbb{N}_o$ 사이의 전단사 함수이므로 홀수의 집합은 무한집합이다.
(2) $f : \mathbb{N} \to A, f(x) = 3x$가 자연수의 집합과 3의 배수의 집합 A 사이의 전단사 함수이므로 3의 배수의 집합은 무한집합이다.

정 리 6.9 집합 X가 무한이고 $x_0 \in X$이면 $X - \{x_0\}$도 무한집합이다.

증명. X가 무한집합이므로
$f(X) \neq X$인 단사함수 $f : X \to X$가 존재한다.

i) $x_0 \in f(X)$인 경우:

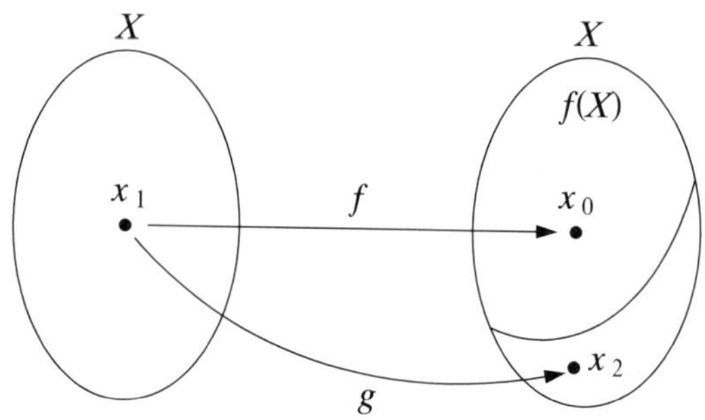

그림 27

$\exists x_1 \in X,\ f(x_1) = x_0$
이제 함수 $g : X - \{x_0\} \to X - \{x_0\}$를 다음과 같이 정의하자.

$$g(x) = \begin{cases} f(x), & x \neq x_1 \text{일 때} \\ x_2, & x = x_1 \text{일 때} \end{cases}$$

여기서 x_2는 임의의 $X - f(X)$의 임의의 원소이다.
그러면 g는 단사함수이다.
또한 g는 전사함수가 아니다.

$(\because)\ g(X - \{x_0\})$
$= g(X - \{x_0, x_1\}) \cup g(\{x_1\})$

$= f(X - \{x_0, x_1\}) \cup \{x_2\}$
$= (f(X) - \{f(x_0), f(x_1)\}) \cup \{x_2\}$
$\neq X - \{x_0\}$ $(\because f(x_0) \notin$ 좌변$, f(x_0) \in$ 우변$)$
즉 g는 전사함수가 아니다.

전사가 아닌 단사함수가 존재하므로,
$X - \{x_0\}$는 무한집합이다.

ii) $x_0 \notin f(X)$인 경우:
$g : X - \{x_0\} \to X - \{x_0\}$를

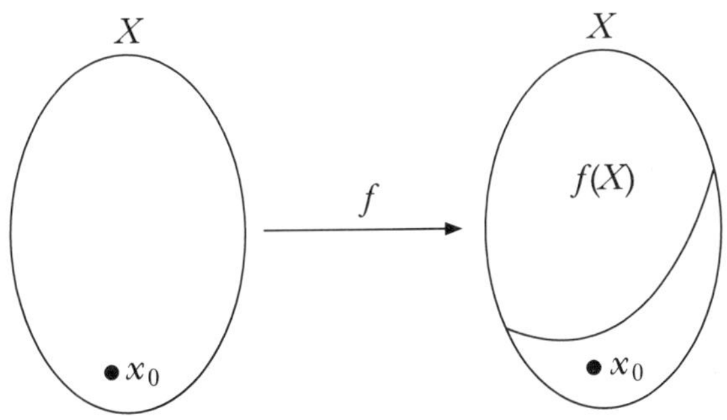

그림 28

$g(x) = f(x)$로 정의하자.
그러면 f가 단사이므로 g도 단사함수이다.
그런데

$$
\begin{aligned}
g(X - \{x_0\}) &= f(X - \{x_0\}) && (6.1) \\
&= f(X) - f(\{x_0\}) && (6.2) \\
&\neq X - \{x_0\} \quad (\because f(x_0) \notin \text{좌변}, f(x_0) \in \text{우변}) && (6.3)
\end{aligned}
$$

따라서 g는 전사가 아니다.

전사가 아닌 단사함수가 존재하므로,
$X-\{x_0\}$는 무한집합이다.

위의 두 가지 경우 모두 $X-\{x_0\}$는 무한집합이다. □

따름정리 6.10 집합 X가 무한집합이고
$x_1, x_2, \ldots, x_n \in X$이면,
$X-\{x_1, x_2, \ldots, x_n\}$도 무한집합이다.

⟦ 예 ⟧ 6.11 $\mathbb{N}$이 무한집합이므로
$\{2, 3, 4, \ldots\}$,
$\{5, 6, 7, \ldots\}$,
$\{100, 101, 102, \ldots\}$ 등도 무한집합이다.

정 의 6.12 앞으로는 임의의 $k \in \mathbb{N}$ 에 대하여 1부터 k까지의 모든 자연수의 집합을 $\mathbb{N}_k$로 나타낸다.
즉 $\mathbb{N}_k = \{1, 2, 3, 4, \ldots, k\}$.

⟦ 예 ⟧ 6.13 $\mathbb{N}_1 = \{1\}$
$\mathbb{N}_4 = \{1, 2, 3, 4\}$

⟦ 예 제 ⟧ 6.14 모든 자연수 k에 대해 $\mathbb{N}_k$는 유한집합이다.

풀이. 수학적 귀납법으로 증명하자.
먼저 $k=1$일 때, $\mathbb{N}_1 = \{1\}$은 한원소 집합이므로 유한집합이다.
$k=n$일 때 즉, $\mathbb{N}_n$이 유한집합이면,
$\mathbb{N}_{n+1}$도 유한집합이다.

($\because$) $\mathbb{N}_{n+1}$ 이 무한집합이면
$\mathbb{N}_n = \mathbb{N}_{n+1} - \{n+1\}$도 무한집합이다.
이것은 모순이다.
따라서 $\mathbb{N}_{n+1}$은 유한집합이다.

그러므로 수학적 귀납법에 의해 모든 $\mathbb{N}_k$는 유한집합이다.

정 리 **6.15** X : 유한집합
$\Longleftrightarrow$ $X = \phi$ 이거나
X와 어떤 $\mathbb{N}_k$ 사이에 일대일대응이 존재한다.

증명. ($\Leftarrow$) 공집합이 유한집합이고 모든 $\mathbb{N}_k$가 유한집합이므로, 역이 성립한다.
($\Rightarrow$) 대우명제를 생각하자.
즉 X가 공집합이 아니면서 모든 $\mathbb{N}_k$와 일대일 대응이 존재하지 않으면 X가 무한 집합이 됨을 보이도록 하자.
$X \neq \phi$이므로 $x_1 \in X$이라 하자.
그러면 $X - \{x_1\} \neq \phi$이다.
($\because$ 만일 $X - \{x_1\} = \phi$이면 $X = \{x_1\}$이 되고, 따라서 X와 $\mathbb{N}_1$ 사이에 일대일 대응이 존재하게 되어, 가정에 모순이 되기 때문이다.)
$X - \{x_1\} \neq \phi$이므로, $x_2 \in X - \{x_1\}$를 택할 수 있다.
그러면 $X - \{x_1, x_2\} \neq \phi$이다.
...
마찬가지 방법으로 모든 자연수 k에 대해
$x_k \in X - \{x_1, x_2, \ldots x_{k-1}\}$을 택할 수 있다.
$Y = \{x_k \mid k \in \mathbb{N}\}$ 놓자.
그러면 Y는 X의 원소를 가지고 만들어진 집합이므로 $Y \subseteq X$이다.
또한 Y는 무한집합이 된다.

($\because$) 함수 $f : Y \to Y - \{x_1\}$를

$$f(x_k) = x_{k+1}$$

로 정의하면 이 함수는 집합 Y와 그 진부분집합 $Y - \{x_1\}$ 사이의 일대일 대응이다.

그러므로 정의에 의하여 Y는 무한집합이다.

그런데 X는 Y의 포함집합이므로 X는 무한집합이다. □

⟦ 예 ⟧ **6.16** $\{a, b, c\}$는 $\mathbb{N}_3$와 일대일대응이 존재하므로 유한집합이다.
$\{w, x, y, z\}$는 $\mathbb{N}_4$와 일대일대응이 존재하므로 유한집합이다.
$\{a, b, c, d, \{e, f\}, \{g, h\}\}$는 $\mathbb{N}_6$와 일대일대응이 존재하므로 유한집합이다.
$\{\phi\}$는 $\mathbb{N}_1$와 일대일대응이 존재하므로 유한집합이다.
$\{\phi, 1, \{\phi\}, \{\phi, 1\}\}$는 $\mathbb{N}_4$와 일대일대응이 존재하므로 유한집합이다.

6.1 연습문제

1. $f : X \to Y$가 단사함수일 때 X가 무한집합이면 Y도 무한집합이다. 이것을 증명하여라.

2. $g : X \to Y$가 전사함수일 때 X가 유한집합이면 Y도 유한집합이다. 이것을 증명하여라.

3. 집합 $\mathbb{Z}, \mathbb{Q}, \mathbb{R}$은 모두 무한집합임을 증명하여라.

4. A가 유한집합이면 $A \times A$도 유한집합임을 증명하여라.

5. A가 무한집합이면 $A \times A$도 무한집합임을 증명하여라.

6. A, B가 각각 무한집합이면 $A \cup B$도 무한집합이다. 이것을 증명하여라.

7. A, B가 각각 유한집합이면 $A \cup B$도 유한집합이다. 이것을 증명하여라.

8. 유한개의 유한집합의 합집합은 유한집합이다. 이것을 증명하여라.

9. 두 집합 A, B에 대하여 $A \cup B$가 무한집합이면 A, B 중 적어도 하나는 무한집합이다. 이것을 증명하여라.

10. 무한집합 X의 부분집합 Y가 유한집합이면 $X - Y$는 무한집합이다. 이것을 증명하여라.

11. $P(A)$가 유한집합이 되기 위한 필요충분조건은 A가 유한집합이 되는 것이다. 이를 증명하여라.

12. $P(A)$가 무한집합이 되기 위한 필요충분조건은 A가 무한집합이 되는 것이다. 이를 증명하여라.

13. 집합 $\{x \in \mathbb{N} \mid x$는 소수$\}$은 유한인가, 무한인가? 그 이유를 밝혀라.

14. 집합 $\{x \in [0,1] \mid x$는 순환소수$\}$은 유한인가, 무한인가? 그 이유를 밝혀라.

15. 집합 $\{x \in [0,1] \mid x$는 비순환 무한소수$\}$은 유한인가, 무한인가? 그 이유를 밝혀라.

16. 집합 $\{(x,y,z) \in \mathbb{N} \times \mathbb{N} \times \mathbb{N} \mid x^2 + y^2 = z^2\}$은 유한인가, 무한인가? 그 이유를 밝혀라.

17. $n > 2$일 때 집합 $\{(x,y,z) \in \mathbb{N} \times \mathbb{N} \times \mathbb{N} \mid x^n + y^n = z^n\}$은 유한인가, 무한인가? 그 이유를 밝혀라. (Fermat의 정리 사용)

18. 집합 $\{(a,b) \in \mathbb{Q} \times \mathbb{Q} \mid a^b \in \mathbb{Q}'\}$은 유한인가, 무한인가? 그 이유를 밝혀라.

19. 집합 $\{(a,b) \in \mathbb{Q}' \times \mathbb{Q}' \mid a^b \in \mathbb{Q}\}$은 유한인가, 무한인가? 그 이유를 밝혀라. (힌트: $a = 2^{\sqrt{2}}$, $b = \sqrt{2}$이면 $a^b = 4$이다)

제 2 절 집합의 대등

유한집합에서 원소의 개수가 같은 두 집합 사이에는 일대일 대응(전단사함수)이 존재하고 일대일 대응이 존재하면 두 집합의 원소의 개수가 같다.
무한집합 A와 B 사이에 일대일 대응이 존재하면 이 두 집합의 원소의 개수가 같다고 볼 수 있다.

정 의 **6.17** 두 집합 X, Y 사이에 일대일 대응이 존재할 때 X와 Y는 대등(equipotent)하다고 말하고 이것을 $X \sim Y$로 나타낸다.

〚 예 〛 6.18 $\mathbb{N}_e$가 0보다 큰 짝수의 집합일 때
$f : \mathbb{N} \to \mathbb{N}_e,\ f(x) = 2x$가 전단사함수이므로, 자연수의 집합 $\mathbb{N}$과 짝수의 집합 $\mathbb{N}_e$는 대등하다. 즉 $\mathbb{N} \sim \mathbb{N}_e$이다.

〚 예 〛 6.19 함수 $f : \mathbb{N} \to \mathbb{N}_o,\ f(x) = 2x - 1$이 전단사함수이므로, 자연수의 집합 $\mathbb{N}$과 홀수의 집합 $\mathbb{N}_o$는 대등하다. 즉 $\mathbb{N} \sim \mathbb{N}_o$이다.

〚 예 〛 6.20 영이 아닌 3의 배수의 집합 $A = \{3n \mid n \in \mathbb{N}\}$를 생각할 때, 함수 $f : \mathbb{N} \to A,\ f(n) = 3n$이 전단사함수이므로, $\mathbb{N} \sim A$이다.

정 리 **6.21** 대등관계 "$\sim$"는 집합족 위에서 동치관계이다.

증명. (1) 모든 집합 X에 대해 $1_X : X \to X$가 전단사함수이므로, $X \sim X$이다.
(2) $X \sim Y$
$\Longrightarrow \exists f : X \to Y$: 전단사함수

$\Longrightarrow \exists f^{-1} : Y \to X$: 전단사함수

$\therefore Y \sim X$

(3) $X \sim Y$이고 $Y \sim Z$라 하자.

$\Longrightarrow \exists f : X \to Y$: 전단사함수,

$\quad \exists g : Y \to Z$: 전단사함수

$\Longrightarrow \exists g \circ f : X \to Z$: 전단사함수

$\Longrightarrow X \sim Z$

따라서 관계 "$\sim$"은 동치관계이다. □

[[예 제]] 6.22 (1) $(0,1) \sim (-1,1)$을 보여라.

(2) $(-1,1) \sim \mathbb{R}$임을 보여라.

(3) $(0,1) \sim \mathbb{R}$임을 보여라.

풀이. (1) 함수 $f : (0,1) \to (-1,1)$를 $f(x) = 2x - 1$로 정의하면 이 함수는 전단사함수이다.

$(\because)$ i) $f(a) = f(b)$

$\Longrightarrow 2a - 1 = 2b - 1$

$\Longrightarrow a = b$

$\therefore f$: 단사함수

ii) $y \in (-1,1)$ 놓자.

그러면 $\dfrac{y+1}{2} \in (0,1)$이고,

$f\left(\dfrac{y+1}{2}\right) = 2 \cdot \dfrac{y+1}{2} - 1 = y$

$\therefore f$: 전사함수.

i), ii)에 의해서 f는 전단사함수이다.

따라서 $(0,1) \sim (-1,1)$이다.

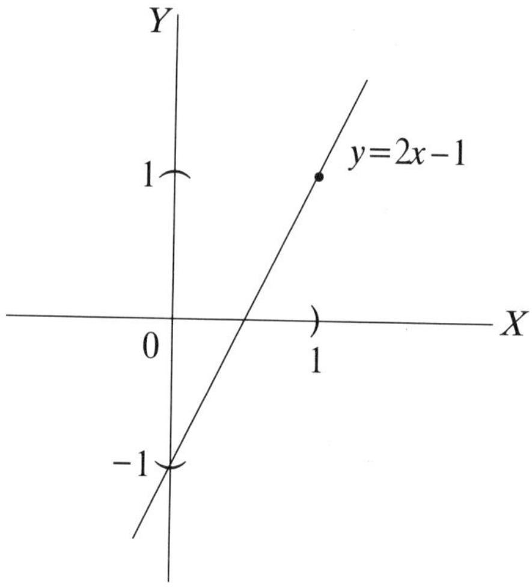

그림 29

(2) 함수 $f : (-1, 1) \to \mathbb{R}$를

$$g(x) = \tan\left(\frac{\pi x}{2}\right)$$

로 정의하면 g는 전단사함수이다.
따라서 $(-1, 1) \sim \mathbb{R}$이 된다.
(3) 위에서 정의한 두 함수의 합성함수
$g \circ f : (0, 1) \to \mathbb{R}$는 전단사함수이다.
따라서 $(0, 1) \sim \mathbb{R}$이다.

정 리 **6.23** $X \cap Z = \phi = Y \cap W$
$f : X \sim Y, \quad g : Z \sim W$
$\Longrightarrow (f \cup g) : (X \cup Z) \sim (Y \cup W)$

증명. $h = f \cup g$라 정의하면 분명히 $h : (X \cup Z) \to (Y \cup W)$는 함수이다.
(1) h는 단사함수이다.

$\because h(a) = h(b)$라 하면 $h(a) = h(b) \in Y$이거나
$h(a) = h(b) \in W$이다. $(\because Y \cap W = \phi)$
만일 $h(a) = h(b) \in Y$이면
$f(a) = h(a) = h(b) = f(b)$이다.
$\Longrightarrow a = b \quad (\because f$: 단사함수)
마찬가지로 $h(a) = h(b) \in W$이면,
$g(a) = h(a) = h(b) = g(b)$이다.
$\Longrightarrow a = b \quad (\because g$: 단사함수)
결국 h는 단사함수이다.

(2) h는 전사함수이다.

$(\because)$ $y \in Y \cup W$라 하자.
그러면 $y \in Y$이거나 $y \in W$이므로,
이제 $y \in Y$라 가정하자.
그러면 $\exists x = f^{-1}(y) \in X$이고
$f(x) = f(f^{-1}(y)) = y$이다. $\quad (\because f$: 전단사함수)
그러므로 $x \in X \cup Z$이고
$h(x) = (f \cup g)(x) = f(x) = y$
마찬가지로 $y \in W$일 때도 보일 수 있다.
따라서 $h = f \cup g$: 전사함수

$\therefore$ (1)과 (2)에 의해 $h = f \cup g$는 전단사함수이다. □

⟦ 예 ⟧ **6.24** $\{1, 2, 3\} \sim \{a, b, c\}$, $\{4, 5\} \sim \{x, y\}$이므로
$\{1, 2, 3, 4, 5\} \sim \{a, b, c, x, y\}$이다.

정 리 **6.25** $f : X \sim Y$
$g : Z \sim W$
$\Longrightarrow X \times Z \sim Y \times W$

증명. 함수 $h : X \times Z \to Y \times W$를
$h(x,z) = (f(x), g(z))$로 정의하자.
f와 g가 함수이므로 분명히 h는 함수가 된다.
(1) h는 단사함수이다.

$$\because h(x,z) = h(x',z')$$
$$\Longrightarrow (f(x), g(z)) = (f(x'), g(z'))$$
$$\Longrightarrow f(x) = f(x') \wedge g(z) = g(z')$$
$$\Longrightarrow x = x' \wedge z = z' \quad (\because f, g : \text{전단사함수})$$
$$\Longrightarrow (x,z) = (x',z')$$

(2) h는 전사함수이다.

$(\because)$ $(y,w) \in Y \times W$
$\Longrightarrow y \in Y \wedge w \in W$
$\Longrightarrow$ $\exists x \in X,$ $f(x) = y$이고
$\exists z \in Z,$ $g(z) = w$이다. $(\because f, g :$전단사함수$)$
그러므로 $\exists (x,z) \in X \times Z$이고
$h(x,z) = (f(x), g(z)) = (y,w)$이다.
$\therefore h$: 전사함수

□

⟦ 예 ⟧ **6.26** $\mathbb{N} \sim \mathbb{N}_e$이고 $\mathbb{N} \sim \mathbb{N}_e$이므로
$\mathbb{N} \times \mathbb{N} \sim \mathbb{N}_e \times \mathbb{N}_e$이다.

⟦ 예 ⟧ **6.27** $(0,1) \sim (-1,1)$이고 $(0,1) \sim (-1,1)$이므로
$(0,1) \times (0,1) \sim (-1,1) \times (-1,1)$이다.

⟦ 예 ⟧ **6.28** $(0,1) \sim \mathbb{R}$이고 $(0,1) \sim \mathbb{R}$이므로
$(0,1) \times (0,1) \sim \mathbb{R} \times \mathbb{R}$이다.

6.2 연습문제

1. $x \in A$일 때 A가 무한집합이기 위한 필요충분조건은 $A \sim (A - \{x\})$임을 증명하여라.

2. 두 집합 X, Y에 대하여 $X \times Y \sim Y \times X$ 임을 증명하여라.

3. 두 집합 X, Y에 대하여 $(X - Y) \sim (Y - X)$이면 $X \sim Y$임을 증명하여라.

4. 집합 $X, Y \subseteq Z$에 대하여 $(Z - X) \sim (Z - Y)$이면 $X \sim Y$이 되는지 알아보아라.

5. $\{X_\gamma \mid \gamma \in \Gamma\}$, $\{Y_\gamma \mid \gamma \in \Gamma\}$가 각각 서로 소인 집합들의 족일 때 모든 $\gamma \in \Gamma$에 대하여 $X_\gamma \sim Y_\gamma$이면 $\bigcup_{\gamma\in\Gamma} X_\gamma \sim \bigcup_{\gamma\in\Gamma} Y_\gamma$임을 증명하여라.

6. 공집합이 아닌 집합 A에 대하여, A로부터 $\{0, 1\}$로 가는 모든 함수의 집합을 2^A이라 할 때 $P(A) \sim 2^A$ 임을 증명하여라.

7. $A \sim B, C \sim D, C \subseteq A$이고 $D \subseteq B$라 하자. $(A - C) \sim (B - D)$가 성립하는지 알아보아라.

8. $A \sim B, C \subseteq A$이고 $D \subseteq B$라 하자. 만일 $(A - C) \sim (B - D)$이면 $C \sim D$가 성립하는지 알아보아라.

제 3 절 가부번집합

정 의 **6.29** 집합 X에 대하여 $X \sim \mathbb{N}$일 때 X를 **가부번집합**(denumerable set)이라고 한다. 그리고 유한이거나 가부번인 집합을 **가산집합**(countable set)이라 한다. 무한 집합 중에 가부번이 아닌 집합을 **비가부번집합**(nondenumerable set) 또는 **비가산집합**(uncountable set)이라 한다.

⟦ 예 ⟧ **6.30** (1) 공집합은 가산집합이다.

(2) 자연수의 집합 $\mathbb{N}$은 가부번집합이다. 따라서 가산집합이다.

(3) 짝수의 집합 $\mathbb{N}_e = \{2n \mid n \in \mathbb{N}\}$는 가부번집합이다. 따라서 가산집합이다.

(4) 홀수의 집합 $\mathbb{N}_o = \{2n-1 \mid n \in \mathbb{N}\}$는 가부번집합이다. 따라서 가산집합이다.

참 고 **6.31** X가 가부번집합이면 X의 원소를 나열하여
$X = \{x_1, x_2, x_3, \ldots\}$와 같이 쓸 수 있다.

정 리 **6.32** X : 가부번집합, $Y \subseteq X$
Y :
$\Longrightarrow Y$: 가부번집합

증명. X가 가부번집합이므로
$X = \{x_1, x_2, x_3, \ldots\}$로 나타낼 수 있다.
Y가 무한 부분집합일 때
n_1을 $x_{n_1} \in Y$을 만족시키는 가장 작은 첨자라 하자.
또 n_2를 $x_{n_2} \in Y - \{x_{n_1}\}$을 만족시키는 가장 작은 첨자라 하자.

이와 같이 $x_{n_1}, x_{n_2}, x_{n_3}, \ldots, x_{n_{k-1}}$을 찾아낸 후에
$x_{n_k} \in Y - \{x_{n_1}, x_{n_2}, x_{n_3}, \ldots, x_{n_{k-1}}\}$
이 되는 가장 작은 첨자를 x_{n_k}라 하자.
집합 Y가 무한집합이므로 그런 x_{n_k}는 항상 존재한다.
그러면 Y의 모든 원소가 이런 형태로 표현이 되고, 따라서
$Y = \{x_{n_1}, x_{n_2}, x_{n_3}, \ldots\}$가 된다.
이제 함수 $f : \mathbb{N} \to Y$, $f(i) = x_{n_i}$를 생각하면 f는 전단사함수이다.
따라서 Y는 가부번집합이다. □

[[예]] 6.33 소수의 집합 $P = \{x \mid x\text{는 소수}\}$는 자연수의 무한 부분집합이므로, 가부번집합이다.

따름정리 6.34 가산집합의 모든 부분집합은 가산집합이다.

정 리 6.35 A : 유한집합
B : 가부번집합
$\Longrightarrow A \cup B$: 가부번집합

증명. A가 유한집합이므로 $A = \{x_1, x_2, \ldots, x_n\}$라 하자.
B가 가부번집합이므로 $B = \{y_1, y_2, \ldots\}$로 나타낼 수 있다.
따라서 $A \cup B = \{x_1, x_2, \ldots, x_n, y_1, y_2, \ldots\}$로 나타나게 되어 가부번집합이 된다. □

정 리 6.36 A, B : 가부번집합
$\Longrightarrow A \cup B$: 가부번집합

증명. A, B가 가부번집합이므로,
$A \sim \mathbb{N}, B \sim \mathbb{N}$이다.
그런데 $\mathbb{N} \sim \mathbb{N}_e = \{2n \mid n \in \mathbb{N}\}$,
$\mathbb{N} \sim \mathbb{N}_0 = \{2n-1 \mid n \in \mathbb{N}\}$이다.
그러므로 $A \sim \mathbb{N}_e$ 이고 $B \sim \mathbb{N}_o$ 이다.
(1) $A \cap B = \phi$일 경우:
$A \cup B \sim \mathbb{N}_e \cup \mathbb{N}_o = \mathbb{N}$
$\therefore A \cup B$: 가부번집합이다.
(2) $A \cap B \neq \phi$일 경우:
$B - A = C$
$\Longrightarrow A \cup B = A \cup C$
a) 만일 C가 무한집합이면 C는 가부번집합이 된다.
따라서 $A \cup C \sim \mathbb{N}_o \cup \mathbb{N}_e$ $(\because A \cap C = \phi)$
그런데 $A \cup B = A \cup C$이므로
$A \cup B \sim \mathbb{N}$
$\therefore A \cup B$: 가부번집합
b) C가 유한집합일 경우
$\Longrightarrow A \cup C$: 가부번집합
그런데 $A \cup B = A \cup C$이다.
$\therefore A \cup B$: 가부번집합이다. □

따름정리 **6.37** $\{A_i\}_{i=1,2,\ldots,n}$: 가부번집합들의 집합족
$\Longrightarrow \bigcup_{i=1}^{n} A_i$: 가부번집합

정 리 **6.38** $\mathbb{N} \times \mathbb{N}$: 가부번이다.

증명. 함수 $f : \mathbb{N}\times\mathbb{N}\to\mathbb{N}$를

$$f(i,j) = 2^i 3^j$$

로 정의하자.
그러면 f는 단사함수이다.
$\Longrightarrow \mathbb{N}\times\mathbb{N}\sim f(\mathbb{N}\times\mathbb{N})$
$\Longrightarrow f(\mathbb{N}\times\mathbb{N})$: 무한집합 $(\because \mathbb{N}\times\mathbb{N}$: 무한집합)
그런데 $f(\mathbb{N}\times\mathbb{N})\subseteq\mathbb{N}$이므로
$f(\mathbb{N}\times\mathbb{N})$은 가부번집합의 무한 부분집합이 된다.
따라서 $f(\mathbb{N}\times\mathbb{N})$: 가부번집합
그런데 $\mathbb{N}\times\mathbb{N}\sim f(\mathbb{N}\times\mathbb{N})$이므로,
$\mathbb{N}\times\mathbb{N}$이 가부번집합이다. □

따름정리 6.39 두 집합 A, B가 가부번집합이면
$A\times B$도 가부번집합이다.

증명. 두 집합 A, B가 가부번집합이므로 $A\sim\mathbb{N}$, $B\sim\mathbb{N}$이고 정리 6.25에 의해 $A\times B\sim\mathbb{N}\times\mathbb{N}$. 그런데 $\mathbb{N}\times\mathbb{N}$이 가부번 집합이므로 $A\times B$도 가부번집합이다. □

정 리 6.40 모든 $k\in\mathbb{N}$에 대해 A_k가 가부번집합이고,
모든 $i\neq j$에 대해 $A_i\cap A_j=\phi$
$\Longrightarrow \bigcup_{k\in\mathbb{N}} A_k$: 가부번집합

증명. 모든 $k\in\mathbb{N}$에 대해 A_k가 가부번집합이므로, $A_k\sim\mathbb{N}$이다.
또한 $\forall k\in\mathbb{N}$, $\mathbb{N}\sim\mathbb{N}\times\{k\}$이므로,
$(\because f(i)=(i,k)$:전단사함수)

$\mathbb{N} \sim \mathbb{N} \times \{k\}$이다.
따라서 $\forall k \in \mathbb{N}$, $A_k \sim \mathbb{N} \times \{k\}$이다.
$\Longrightarrow \bigcup_{k\in\mathbb{N}} A_k \sim \bigcup_{k\in\mathbb{N}} \mathbb{N} \times \{k\}$

($\because f_k : A_k \sim \mathbb{N} \times \{k\}$가 전단사함수라 할 때
$f(x) = f_k(x), x \in A_k$로 정의되는 함수

$$f : \bigcup_{k\in\mathbb{N}} A_k \sim \bigcup_{k\in\mathbb{N}} \mathbb{N} \times \{k\}$$

도 전단사이다.)

그런데 $\bigcup_{k\in\mathbb{N}} \mathbb{N} \times \{k\} = \mathbb{N} \times \mathbb{N}$이므로
$\bigcup_{k\in\mathbb{N}} A_k \sim \mathbb{N} \times \mathbb{N}$이고 따라서 가부번집합이다. □

따름정리 6.41 모든 $k \in \mathbb{N}$에 대해 A_k가 가산집합이면, $\bigcup_{k\in\mathbb{N}} A_k$도 가산집합이다.

⟦ 예 제 ⟧ 6.42 $\mathbb{Q}$: 가부번이다.

풀이. 모든 유리수를 서로소인 $p \in \mathbb{N}, q \in \mathbb{Z}$를 사용해서 분수형태인 $\frac{q}{p}$로 나타내기로 하자.
이제 $\mathbb{Q}^+ = \{\frac{q}{p} \mid \frac{q}{p} > 0\}$,
$\mathbb{Q}^- = \{-\frac{q}{p} \mid \frac{q}{p} \in \mathbb{Q}^+\}$ 하면,
$\mathbb{Q} = \mathbb{Q}^+ \cup \{0\} \cup \mathbb{Q}^-$ 이 된다.
$\mathbb{Q}^+$: 가부번집합임을 증명하자.
$f : \mathbb{Q}^+ \to \mathbb{N} \times \mathbb{N}$를 $f\left(\frac{q}{p}\right) = (p, q)$로 정의하자.
그러면 분명히 f는 단사함수이다.
따라서 $\mathbb{Q}^+ \sim f(\mathbb{Q}^+) \subseteq \mathbb{N} \times \mathbb{N}$.
그런데 $\mathbb{Q}^+ \supseteq \mathbb{N}$이므로 $\mathbb{Q}^+$는 무한집합이다.

그러므로 $f(\mathbb{Q}^+)$은 가부번집합 $\mathbb{N} \times \mathbb{N}$의 무한 부분집합이다.
따라서 $f(\mathbb{Q}^+)$은 가부번이다.
$\therefore \mathbb{Q}^+$: 가부번이다.
그런데 $\mathbb{Q}^+ \sim \mathbb{Q}^-$ 이므로 $\mathbb{Q}^-$도 가부번이다.
$(\because f(x) = -x$가 전단사)
$\therefore \mathbb{Q} = \mathbb{Q}^+ \cup \{0\} \cup \mathbb{Q}^-$: 가부번이다.

⟦ **예** ⟧ **6.43** 위 예제에 의해 $\mathbb{Q}$가 가부번 집합이므로 $\mathbb{Q} \sim \mathbb{N}$임을 알 수 있다.

⟦ **예** ⟧ **6.44** $\mathbb{N} \sim \mathbb{Q}$이므로 $\mathbb{N} \times \mathbb{N} \sim \mathbb{Q} \times \mathbb{Q}$이고, 따라서 $\mathbb{Q} \times \mathbb{Q}$는 가부번집합이다.

정 리 **6.45** 임의의 무한집합에 대하여 그 부분집합 중에 가부번집합이 존재한다.

증명. X : 무한집합이라 하자.
$X \neq \phi$이므로 $\exists x_1 \in X$.
또한 $X - \{x_1\} \neq \phi$이므로 $\exists x_2 \in X - \{x_1\}$.
이와 같은 방법으로 모든 자연수 k에 대해
$\exists x_k \in X - \{x_1, x_2, \ldots, x_{k-1}\}$.
이제 집합 $Y = \{x_k \mid k \in \mathbb{N}\}$를 생각하면
분명히 $Y \subseteq X$이고 Y는 가부번이다. □

6.3 연습문제

1. 모든 정수의 집합 $\mathbb{Z}$는 가부번집합임을 증명하여라.

2. 모든 짝수의 집합 $\mathbb{N}_e$와 모든 홀수의 집합 $\mathbb{N}_o$은 각각 가부번집합임을 증명하여라.

3. 가부번집합 X의 부분집합 Y가 유한집합일 때, $X - Y$는 가부번집합임을 증명하여라.

4. 가부번집합 X와 유한집합 Y에 대하여 $X \cup Y$는 가부번집합임을 증명하여라.

5. 유한개의 가산집합들의 합집합은 가산집합이다. 이것을 증명하여라.

6. 각 $k \in \mathbb{N}$에 대하여 B_k가 가부번집합이면 $\bigcup_{k\in\mathbb{N}} B_k$도 가부번집합임을 증명하여라.

7. 가부번집합 X에 대하여 $g : X \sim \mathbb{N}$이고 Y는 X의 무한 부분집합이라 하자. 함수 $h : Y \to \mathbb{N}$를

$$h(y) = \text{집합 } \{1, 2, 3, ..., g(y)\} \cap g(Y)\text{의 원소의 개수}$$

   과 같이 정의할 때 h가 전단사이고 따라서 Y는 가부번집합이 됨을 증명하여라.

8. A, B가 각각 가부번집합이면 $A \times B$도 가부번집합임을 증명하여라. 특히 $\mathbb{Z} \times \mathbb{N}$, $\mathbb{Z} \times \mathbb{Z}$, $\mathbb{Q} \times \mathbb{Q}$는 모두 가부번집합임을 증명하여라.

9. 단사함수 $f : \mathbb{Q} \to \mathbb{Z} \times \mathbb{N}$가 있음을 보임으로서 유리수의 집합이 가부번임을 증명하여라.

10. 평면에서 유리수의 좌표를 가지는 점 전체의 집합은 가산임을 보여라.

11. 좌표평면에서 원점을 중심으로 하고 반지름의 길이가 유리수인 원 전체의 집합은 가부번집합이다. 이것을 증명하여라.

12. 좌표평면에서 중심의 좌표와 반지름의 길이가 모두 유리수인 원 전체의 집합은 가부번집합이다. 이것을 증명하여라.

13. $\mathbb{R}^n$의 부분집합 $\mathbb{Q}^n = \mathbb{Q} \times \mathbb{Q} \times \cdots \times \mathbb{Q}$는 가산임을 증명하여라.

14. 유리계수 다항식

$$f(x) = a_0 + a_1 x + \cdots + a_n x^n \ (a_i \in \mathbb{Q})$$

들의 집합을 $\mathbb{Q}[x]$로써 표현할 때, 이것이 가산집합임을 증명하여라.

15. 수직선 상에서 서로소인 개구간들의 집합족 $\{I_\gamma \mid \gamma \in \Gamma\}$는 가산집합임을 증명하여라.

제 4 절 비가산집합

정 리 **6.46** 실수의 개구간 $(0,1)$은 비가산집합이다.

증명. 먼저 모든 실수 $x \in (0,1)$를

$$0.x_1x_2x_3\ldots$$

와 같은 꼴의 무한소수로 전개한다. 여기서 각 $n \in \mathbb{N}$에 대하여 $x_n \in \{0,1,2,\ldots,9\}$이다.
한가지 표현만을 사용하기 위해 예를 들어 1/2의 경우 0.5000... 이 아니라 0.49999... 와 같이 0이 아닌 항이 무한히 나타나도록 표현하자.
이와 같이 나타내면 구간 (0,1)의 두 수는 각각의 소수전개에서 대응하는 숫자들이 같을 때에만 이 두 수는 같아진다.
이제 구간 $(0,1)$이 가부번이라 가정하자.
$\Longrightarrow \exists f : \mathbb{N} \to (0,1)$: 전단사이다.
따라서
$f(1) = 0.a_{11}a_{12}a_{13}\ldots$
$f(2) = 0.a_{21}a_{22}a_{23}\ldots$
$f(3) = 0.a_{31}a_{32}a_{33}\ldots$
$\ldots$
단 $a_{ij} \in \{0,1,\ldots 9\}$
와 같이 나타나게 된다.
이제 새로운 무한소수
$z = 0.z_1z_2z_3\ldots$를

$$z_i = \begin{cases} 5 & (a_{ii} \neq 5\text{일 때}), \\ 1 & (a_{ii} = 5\text{일 때}) \end{cases}$$

로 정의하면 소수점 이하 각 자리수가 1이거나 5이므로 분명히 $z \in (0,1)$이다.

그러나 $\forall n \in \mathbb{N}$에 대해 $z_n \neq a_{nn}$이므로 $z \neq f(n)$.
즉, $z \in (0,1) - f(\mathbb{N})$이다.
그러므로 f는 전단사가 아니다.
이것은 모순이다.
$\therefore (0,1)$: 비가산이다. □

⟦ 예 제 ⟧ 6.47 실수의 집합 $\mathbb{R}$은 비가산이다.

풀이. $\mathbb{R}$이 가부번이면 $\mathbb{R} \sim \mathbb{N}$이다.
그런데 $(0,1) \sim \mathbb{R}$이므로 $(0,1) \sim \mathbb{N}$
따라서 (0,1)은 가부번이다.
이것은 모순이다.
$\therefore \mathbb{R}$: 비가산이다.

⟦ 예 제 ⟧ 6.48 무리수의 집합 $\mathbb{Q}'$은 비가산이다.

풀이. $\mathbb{Q}'$가 가부번이라면

$$\mathbb{R} = \mathbb{Q}' \cup \mathbb{Q}$$

은 가부번이다.
그러나 이것은 모순이다.
$\therefore \mathbb{Q}'$: 비가부번이다. 즉, 비가산이다.

6.4 연습문제

1. A와 B가 대등한 집합일 때 A가 비가부번집합이면 B도 비가부번 집합이다. 이것을 증명하여라.

2. 비가부번집합의 임의의 포함집합은 비가부번집합이다. 이를 증명하여라.

3. 0과 1 사이의 모든 무리수의 집합은 비가부번집합이다. 이것을 증명하여라.

4. 평면에서 원점을 중심으로 가지는 원 전체가 이루는 집합은 비가산집합임을 증명하여라.

5. 평면에서 원점을 지나는 직선 전체의 집합은 비가산임을 보여라.

6. a_i를 정수라 할 경우 방정식 $a_0 + a_1x + \cdots + a_nx^n = 0$의 실근을 **대수적 수**(algebraic number)라 한다. 모든 대수적 수의 집합은 가부번임을 증명하여라.

7. 대수적이 아닌 실수를 **초월수**(transcendental number)라 한다. 모든 초월수의 집합은 비가부번임을 증명하여라.

8. 임의의 가부번집합 A에 대하여 A의 멱집합 $P(A)$는 비가부번집합임을 증명하여라.

제 7 장

기수의 정의와 연산

이 장에서 다루는 내용

- 기수의 정의
- Cantor-Bernstein 정리
- Cantor 정리
- 기수의 합, 곱, 지수
- 기수의 계산법
- 연속체 가설

제 1 절 기수의 정의

유한집합에서는 원소의 개수가 중요한 역할을 한다. 그러나 무한 집합에서는 원소의 개수가 모두 무한이므로 원소의 개수라는 개념은 쓸모가 없다. 그러나 무한 집합도 여러 종류가 있는데 이를 구분하기 위한 도구가 필요하게 된다. 이제 유한집합의 원소의 개수를 일반화하여 '기수'라는 개념을 도입하기로 하자.

정 의 7.1 집합의 기수(cardinal number)란 아래와 같은 4 가지 성질을 가지는 개념이다.

(C1) 모든 집합 A에 대해 기수 card$A$가 있고, 모든 기수 a에 대해 card$A = a$가 되는 집합 A가 존재한다.

(C2) $A = \phi \iff \text{card}A = 0.$

(C3) $A \sim \mathbb{N}_k \iff \text{card}A = k.$

(C4) $A \sim B \iff \text{card}A = \text{card}B.$

(C1)에 의하면 모든 집합은 기수를 가진다는 것을 알 수 있고, 어떤 기수에 대해서도 그 기수를 가지는 집합이 존재한다. (C2), (C3) 는 유한집합의 기수를 정의하고 있으며, 유한집합의 기수는 그 집합의 원소의 개수와 같다는 것을 말하고 있다. (C4)는 무한집합의 기수를 정의하고 있다.

정 의 7.2 유한집합의 기수를 유한기수(finite cardinal)라 하고, 무한집합의 기수를 초한기수(transfinite cardinal) 또는 무한기수(infinite cardinal)이라 한다.

참 고 **7.3** 공리 (C2), (C3)은 유한기수가 분명히 음이 아닌 정수임을 보여 주고 있다. 따라서 유한기수는 (자연수의) 크기

$$0 < 1 < 2 < 3 < \cdots < k < k+1 < \cdots$$

를 지닌다.

임의의 두 초한기수에 대해서는 (C4)에 의하여 같은 것과 다른 것만을 알 수 있다. 그러나 어느 것이 더 큰가는 알 수 없다. 따라서 초한 기수에 대해 크기를 정해 보기로 하자.

정 의 **7.4** 집합 A, B에 대하여
A가 B의 적당한 부분집합과 대등할 때
card$A$는 card$B$보다 작거나 같다고 하며,

$$\text{card}A \le \text{card}B$$

로 나타낸다.

참 고 **7.5** (1) 단사함수 $f : A \to B$가 존재하기 위한 필요충분 조건은 card$A \le$ card$B$이다.

(2) $A \subseteq B \Longrightarrow \text{card}A \le \text{card}B$이다.

정 리 **7.6** 임의의 집합 A, B, C에 대해 다음 사실이 성립한다.

(1) $\text{card}A \le \text{card}A$

(2) $\text{card}A \le \text{card}B,\ \text{card}B \le \text{card}C$
$\Longrightarrow \text{card}A \le \text{card}C$

증명. 연습문제. □

정 리 **7.7** 집합 A의 부분집합 B에 대하여
단사함수 $f : A \to B$가 존재하면
전단사함수 $h : A \sim B$가 존재한다.

증명. $B = A$인 경우 $1_A : A \to B = A$가 전단사 함수가 되므로 정리가 성립한다. 이제 B가 A의 진부분집합이라고 가정하자.

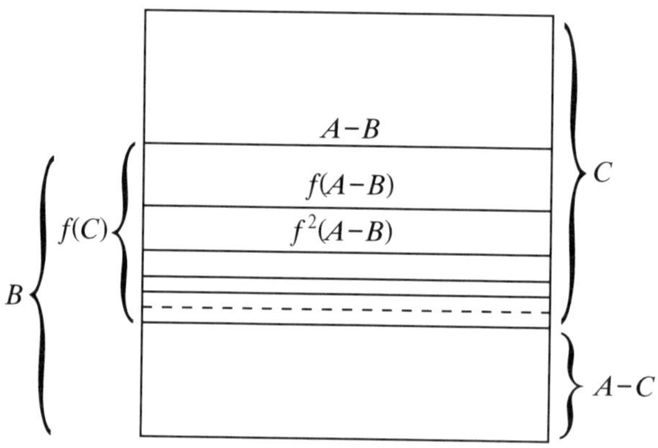

그림 30

$f^0 = 1_A$라 하고, $f^k(x) = f(f^{k-1}(x))$라 하고,
집합 $C = \bigcup_{n\geq 0} f^n(A - B)$라 정의하자.
이제 $z \in A$에 대해 $h(z)$를 다음과 같이 정의한다.

$$h(z) = \begin{cases} f(z) & (z \in C\text{일 때}) \\ z & (z \in A - C\text{일 때}) \end{cases}$$

그러면 $A - B \subseteq C$이고, $f(C) \subseteq C$이다.
또한 $m \neq n \Longrightarrow f^m(A - B) \cap f^n(A - B) = \phi$이다.

($\because$) 아니라면 $A-B$의 두 원소 x, x'에 대해 $f^m(x) = f^n(x')$이
고
따라서 $f^{n-m}(x') = f^{m-m}(x) = f^0(x) = x$이다.
그런데 $f^{n-m}(x') \in B$이므로 $x \in B$이다.
그러나 $x \in A - B$이므로 $x \notin B$이다.
이것은 모순이다.

따라서

$$\begin{aligned} h(A) &= (A-C) \cup f(C) \\ &= [A - \bigcup_{n\geq 0} f^n(A-B)] \cup f(\bigcup_{n\geq 0} f^n(A-B)) \\ &= [A - \bigcup_{n\geq 0} f^n(A-B)] \cup [\bigcup_{n\geq 1} f^n(A-B)] \\ &= A - f^0(A-B) \\ &= A - (A-B) \\ &= B \end{aligned}$$

그러므로 $h(A) = B$. 즉, $h : A \to B$는 전사이다.
그런데 f가 단사이므로 정의에 의해 $h : A \to B$는 단사이다.
결국 h는 전단사이다. □

정 리 **7.8** [칸토어-베른슈타인 정리(Cantor-Bernstein Theorem)]
임의의 집합 A, B에 대하여
A가 B의 부분집합과 대등하고
B가 A의 부분집합과 대등하면
A와 B는 대등하다.

증명. $f_0 : A \sim B_0 \subseteq B$,
$g_0 : B \sim A_0 \subseteq A$라 하자.

함수 $f : A \to A_0$를 $f(x) = g_0(f_0(x))$라 하면
f_0, g_0가 단사이므로 이 함수 f는 단사이다.
따라서 위의 보조정리에 의하여 전단사함수 $h : A \sim A_0$이 존재한다.

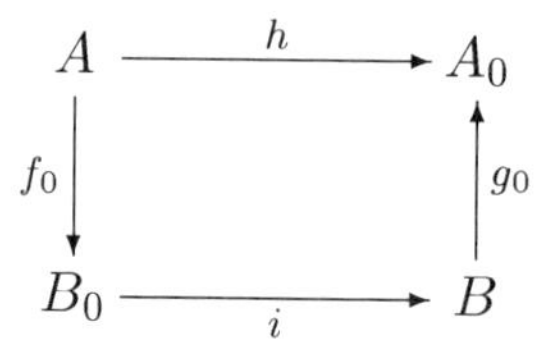

그림 31

그러면 두 전단사 $h : A \sim A_0$, $g_0^{-1} : A_0 \sim B$의 합성함수
$g_0^{-1} \circ h : A \sim B$도 전단사이다.
결국 A와 B는 대등하다. □

따름정리 **7.9** $\mathrm{card}A \leq \mathrm{card}B$이고
$\mathrm{card}B \leq \mathrm{card}A$이면
$\mathrm{card}A = \mathrm{card}B$이다.

정 리 **7.10** 임의의 기수 a, b, c에 대해 다음 사실이 성립한다.

(1) $a \leq a$

(2) $a \leq b,\ b \leq a \Longrightarrow a = b$

(3) $a \leq b,\ b \leq c \Longrightarrow a \leq c$

정 의 **7.11** $\mathrm{card}A \leq \mathrm{card}B$이지만
$\mathrm{card}A \neq \mathrm{card}B$일 때

card$A <$ card$B$로 나타내기로 하자.

초한기수의 크기에 관한 이 정의는 유한기수에 대해서도 적용된다. 그리고 유한기수에 적용될 때 그 결과는 자연수의 크기와 같다.

⟦ **예 제** ⟧ **7.12** card$\mathbb{N} <$ card$\mathbb{R}$임을 증명하여라.

증명. 집합 $\mathbb{N}$은 $\mathbb{R}$의 부분집합이므로
$\mathbb{N}$은 $\mathbb{R}$의 부분집합 $\mathbb{N}$과 대등하다.
즉 $\mathbb{N} \sim \mathbb{N} \subseteq \mathbb{R}$. 따라서 card$\mathbb{N} \leq$ card$\mathbb{R}$이다.
그러나 $\mathbb{R}$은 비가부번집합이므로 $\mathbb{R}$은 $\mathbb{N}$과 대등하지 않다.
즉, card$\mathbb{N} \neq$ card$\mathbb{R}$.
따라서 card$\mathbb{N} <$ card$\mathbb{R}$이다. □

7.1 연습문제

1. 다음 각 집합의 기수를 구하여라.

   $\{\phi\}, \{\phi, \{\phi\}\}, \{\phi, \{\phi\}, \{\phi, \{\phi\}\}\}$

2. 집합 $\{x \in \mathbb{R} \mid x^2 - 3x + 2 = 0\}$의 기수를 구하여라.

3. 집합 $\{x \in \mathbb{C} \mid x^2 + 1 = 0\}$의 기수를 구하여라.

4. 집합 $\{x \in \mathbb{C} \mid x^{17} + 1 = 0\}$의 기수를 구하여라.

5. 모든 자연수는 기수임을 보여라.

6. $A = \{a, b, c\}$, $B = \{1, 2\}$에 대하여 다음 기수를 각각 구하여라.

   card$A$, card$B$, card$(A \cup B)$, card$(A \times B)$, cardB^A

7. 임의의 유한기수 n에 대하여 $n <$ card$\mathbb{N}$임을 증명하여라.

8. 임의의 초한기수 a에 대하여 $\mathrm{card}\mathbb{N} \leq a$ 임을 증명하여라. 따라서 $\mathrm{card}\mathbb{N}$는 가장 작은 초한기수이다.

9. 집합 A, B 대하여 $A \subseteq B$이면 $\mathrm{card}A \leq \mathrm{card}B$임을 증명하여라.

10. 두 집합 A, B에 대하여 단사 $f : A \to B$ 가 존재할 때만 $\mathrm{card}A \leq \mathrm{card}B$임을 증명하여라.

11. 집합 A, B, C에 대하여 다음을 증명하여라.

    (a) $\mathrm{card}A \leq \mathrm{card}B$이고 $\mathrm{card}B \leq \mathrm{card}C$이면 $\mathrm{card}A \leq \mathrm{card}C$

    (b) $\mathrm{card}A < \mathrm{card}B$이고 $\mathrm{card}B < \mathrm{card}C$이면 $\mathrm{card}A < \mathrm{card}C$

12. 집합 A, B, C에 대하여 $A \subseteq B \subseteq C$, $A \sim C$이면 $A \sim B$임을 증명하여라.

제 2 절 Cantor 정리

정 리 **7.13** [칸토어 정리(Cantor Theorem)]
임의의 집합 X에 대하여 다음 사실이 성립한다.

$$\text{card}X < \text{card}P(X)$$

증명. $X = \phi$이면 $\text{card}\phi = 0 < 1 = \text{card}P(\phi)$이므로 정리가 성립한다.
이제 $X \neq \phi$이라 하자.
함수 $g : X \to P(X)$를 $g(x) = \{x\}$로 정의하면 이 함수는 단사이다.
그러므로 $X \sim g(X) = \{\{x\} \mid x \in X\} \subseteq P(X)$이다.
다시 말하면 $\text{card}X \leq \text{card}P(X)$.
그러므로 X와 $P(X)$가 대등하지 않다는 것을 보이면 충분하다.
이를 보이기 위해 전단사 $f : X \sim P(X)$가 존재한다고 가정하여 모순을 찾자.
집합 $S = \{x \in X \mid x \notin f(x)\}$, 즉 원소 $x \in X$로서 f에 의한 상 $f(x)$에 속하지 않는 것의 집합 S를 생각하면 $S \subseteq X$이므로 $S \in P(X)$이다.
그런데 $f : X \sim P(X)$이므로 적당한 $e \in X$가 존재해서 $f(e) = S$이다.
여기서 두 경우 $e \in S, e \notin S$가 있다.
(1) $e \in S$인 경우

> 집합 S의 정의에 따라 $e \notin f(e)$. 한편 $f(e) = S$이므로 $e \notin S$.
> 이것은 모순이다.

(2) $e \notin S$인 경우

> $f(e) = S$이므로 $e \notin f(e)$. 한편 S의 정의에 의하여 $e \in S$이므로 모순이다.

따라서 어느 경우든 모순이 생긴다.
즉, $X \not\sim P(X)$이고, 그러므로 $\text{card}X \neq \text{card}P(X)$.

결국 $\text{card}X < \text{card}P(X)$. □

참 고 **7.14** Cantor는 $\text{card}X < \text{card}P(X)$인 것을 증명하였는데, 이 정리의 의의는 무한히 많은 새로운 초한기수를 구성할 수 있는 길을 터 놓았다는 데에 있다. 이를 테면 다음과 같이 초한기수들을 얼마든지 생각할 수 있다.

$$\text{card}\mathbb{R} < \text{card}P(\mathbb{R}) < \text{card}P(P(\mathbb{R})) < \cdots$$

Cantor 정리의 관점에서 볼 때 지극히 자연스러운 의문이 생길 수 있었는데 그것은 다음과 같다. 즉

$$\text{card}\mathbb{N} < x < \text{card}P(\mathbb{N})$$

를 만족시키는 기수 x가 존재하겠는가?
연속체문제(continuum problem)로 불리우는 이 의문은 장기간 Cantor와 그밖의 다른 수학자들의 주목을 끌었다. 이 문제에 관해서는 나중에 다루기로 하겠다.

7.2 연습문제

1. 기수로서 자연수가 아닌 예를 세 개 들어라,

2. 가장 큰 기수는 존재하지 않는다는 것을 보여라.

3. 집합 A, B에 대하여 $A \sim B$이면 $\text{card}P(A) = \text{card}P(B)$가 됨을 아래 방법으로 보여라.

   (a) 기수의 성질을 이용하여 증명하여라.

   (b) 전단사함수를 사용하여 증명하여라.

4. 임의의 가부번집합 A에 대하여 A의 멱집합 $P(A)$는 비가부번집합임을 증명하여라.

제 3 절 기수의 합

기수에 대해서도 덧셈과 곱셈을 정의할 수 있다.

정 의 **7.15** a, b가 기수일 때 기수의 합(cardinal sum) $a+b$는 아래와 같이 정의한다.

$$a + b = \text{card}(A \cup B)$$

단, $A \cap B = \phi$, $\text{card}A = a$, $\text{card}B = b$.

정 리 **7.16** a, b가 기수라면,

(1) $\text{card}A = a$, $\text{card}B = b$, $A \cap B = \phi$인 집합 A, B가 존재한다.

(2) $\text{card}A = \text{card}C$, $\text{card}B = \text{card}D$
$A \cap B = C \cap D = \phi$
$\Longrightarrow \text{card}(A \cup B) = \text{card}(C \cup D)$

증명. (1) 공리 (C1)에 의해 $\text{card}X = a, \text{card}Y = b$인 집합 X, Y가 존재한다.
$A = X \times \{0\}, B = Y \times \{1\}$라 하면
$A \sim X$, $B \sim Y$이고 $A \cap B = \phi$이다. 따라서 (C4)에 의해
$\text{card}A = \text{card}X = a$,
$\text{card}B = \text{card}Y = b$.
(2) $\text{card}A = \text{card}C \Longrightarrow A \sim C$
$\text{card}B = \text{card}D \Longrightarrow B \sim D$

그런데 $A \cap B = C \cap D = \phi$이므로 $A \cup B \sim C \cup D$이다.
따라서 (C4)에 의해 $\text{card}(A \cup B) = \text{card}(C \cup D)$이 성립한다. □

⟦ 예 제 ⟧ 7.17 기수의 덧셈 $3 + 4$을 계산하여라.

풀이. $3 = \text{card}\{1, 2, 3\}$

$4 = \text{card}\{4, 5, 6, 7\}$

$\{1, 2, 3\} \cap \{4, 5, 6, 7\} = \phi$

$$\begin{aligned} 3 + 4 &= \text{card}(\{1, 2, 3\} \cup \{4, 5, 6, 7\}) && (7.1) \\ &= \text{card}\{1, 2, 3, 4, 5, 6, 7\} && (7.2) \\ &= \text{card}\mathbb{N}_7 && (7.3) \\ &= 7 && (7.4) \end{aligned}$$

참 고 **7.18** 위 예제에서 보는 바와 같이 유한 기수의 합은 자연수의 합과 같다.

정 리 **7.19** x, y, z가 기수일 때 다음 사실이 성립한다.
(1) $x + y = y + x$ (교환법칙)
(2) $(x + y) + z = x + (y + z)$ (결합법칙)

증명. $x = \text{card}X$,

$y = \text{card}Y$,

$z = \text{card}Z$,

$X \cap Y = \phi, X \cap Z = \phi, Y \cap Z = \phi$라 하자.

(1)

$$\begin{aligned} x + y &= \text{card}(X \cup Y) \\ &= \text{card}(Y \cup X) \\ &= y + x \end{aligned}$$

(2)

$$
\begin{aligned}
(x+y)+z &= \text{card}(X \cup Y) + \text{card}Z \\
&= \text{card}((X \cup Y) \cup Z) \\
&\quad (\because (X \cup Y) \cap Z = \phi) \\
&= \text{card}(X \cup (Y \cup Z)) \\
&= \text{card}X + \text{card}(Y \cup Z) \\
&\quad (\because X \cap (Y \cup Z) = \phi) \\
&= x + (y+z)
\end{aligned}
$$

□

정 의 **7.20** 자연수 전체 집합의 기수를 $\aleph_0$(aleph zero 또는 aleph null이라 읽는다)라 하고 실수 전체 집합의 기수를 $\aleph$ 또는 c(독일어의 세번째 문자로서 "체"라 읽는다)라 한다. 즉,

$$\aleph_0 = \text{card}\mathbb{N}$$

$$\aleph = c = \text{card}\mathbb{R}$$

⟦ 예 ⟧ 7.21 $\mathbb{Q} \sim \mathbb{N}$이므로 $\text{card}\mathbb{Q} = \aleph_0$.
$(0,1) \sim \mathbb{R}$이므로 $\text{card}(0,1) = c$.

⟦ 예 제 ⟧ 7.22 $\aleph_0 + \aleph_0 = \aleph_0$

풀이. $\aleph_0 = \text{card}\mathbb{N}_e$,
$\aleph_0 = \text{card}\mathbb{N}_o$,
$\mathbb{N}_e \cap \mathbb{N}_o = \phi$. 따라서

$\aleph_0 + \aleph_0 = \text{card}(\ N_e \cup \mathbb{N}_0)$
$= \text{card}\mathbb{N}$
$= \aleph_0$

⟦ 예 제 ⟧ 7.23 $\aleph_0 + c = c$

풀이. $\aleph_0 = \text{card}\mathbb{N}$,
$c = \text{card}(0,1)$,
$\mathbb{N} \cap (0,1) = \phi$을 생각하자.
그런데 $\mathbb{N} \cup (0,1) \subseteq \mathbb{R}$이므로
$\aleph_0 + c = \text{card}(\mathbb{N} \cup (0,1)) \leq \text{card}\mathbb{R} = c$. 또한
$c = \text{card}(0,1) \leq \text{card}(\mathbb{N} \cup (0,1)) = \aleph_0 + c$.
따라서 Cantor-Bernstein 정리에 의해 $c = \aleph_0 + c$.

⟦ 예 제 ⟧ 7.24 $c + c = c$

풀이. $c = \text{card}(0,1)$,
$c = \text{card}(1,2)$,
$(0,1) \cap (1,2) = \phi$.
그런데 $(0,1) \cup (1,2) \subseteq (0,2) \sim (0,1)$이므로
$c + c = \text{card}((0,1) \cup (1,2)) \leq \text{card}(0,2) = c$.
또한 $(0,1) \subseteq (0,1) \cup (1,2)$이므로
$c = \text{card}(0,1) \leq \text{card}((0,1) \cup (1,2)) = c + c$
따라서 Cantor-Bernstein 정리에 의해 $c + c = c$.

7.3 연습문제

1. 임의의 기수 x에 대하여 $x + 0 = x$임을 증명하여라.

2. 임의의 유한기수 n에 대하여 다음 사실이 성립함을 증명하여라.

   (a) $n + \aleph_0 = \aleph_0$

(b) $n + c = c$

3. 유한 기수 n과 초한 기수 a에 대하여 $n + a = a$가 됨을 보여라.

4. $a + 1 = a$이면 a가 초한 기수임을 보여라.

5. 임의의 기수 x, y, z에 대하여 다음 물음에 답하여라.

   (a) $x \leq y$이면 $x + z \leq y + z$이다. 이것을 증명하여라.

   (b) 위의 (a)에 있어서 "$\leq$" 를 "$<$"로 바꿔 놓은 명제는 참이 아닐 수도 있다. 이것에 대한 반례를 하나 들어라.

6. 소거법칙 $x + y = x + z \Longrightarrow y = z$가 성립하지 않는 예를 들어라.

제 4 절 기수의 곱

이제 기수의 곱을 정의하자. 유한 집합의 기수의 곱은 자연수의 곱과 일치하게 된다.

정 의 **7.25** a 와 b가 기수일 때 **기수의 곱**(cardinal product) ab는 $a = \text{card}A,\ b = \text{card}B$인 집합의 곱집합 $A \times B$의 기수로 정의한다. 즉,

$$ab = \text{card}(A \times B).$$

참 고 **7.26** 정리 6.25에 의해 기수의 곱은 집합의 선택과 무관하다. 즉, $\text{card}A = \text{card}A',\ \text{card}B = \text{card}B'$일 때,
$\text{card}(A \times B) = \text{card}(A' \times B')$이다.

⟦ 예 ⟧ **7.27** $3 \cdot 4 = \text{card}\mathbb{N}_3 \times \mathbb{N}_4$
$= \text{card}\{(1,1),(1,2),(1,3),(1,4),(2,1),\ldots,(3,4)\}$
$= \text{card}\mathbb{N}_{12}$
$= 12$

정 리 **7.28** 임의의 기수 x, y, z에 대해 다음 사실이 성립한다.
(1) $xy = yz$ (교환법칙)
(2) $(xy)z = x(yz)$ (결합법칙)
(3) $x(y+z) = xy + xz$ (분배법칙)

증명. (1) $x = \text{card}X,\ y = \text{card}Y$라 하면
함수 $f : X \times Y \to Y \times X,\ f : (a, b) \to (b, a)$가 전단사함수이므로

$X \times Y \sim Y \times X$이다. 따라서

$$\begin{aligned} xy &= \text{card}(X \times Y) \\ &= \text{card}(Y \times X) \\ &= yx \end{aligned}$$

(2) 생략.

(3) $x = \text{card}X$, $y = \text{card}Y$, $z = \text{card}Z$, $Y \cap Z = \phi$라 하면 $X \times Y \cap X \times Z = \phi$이므로,

$$\begin{aligned} x(y+z) &= \text{card}(X \times (Y \cup Z)) \\ &= \text{card}(X \times Y \cup X \times Z) \\ &= \text{card}X \times Y + \text{card}X \times Z \\ &= xy + xz \end{aligned}$$

이다. □

⟦ 예 제 ⟧ 7.29 $1 \cdot k = k$

풀이. $1 = \text{card}\mathbb{N}_1 = \text{card}\{1\}$, $k = \text{card}\mathbb{N}_k$

$1 \cdot k = \text{card}\{1\} \times \mathbb{N}_k = \text{card}\mathbb{N}_k$

$= k$

⟦ 예 제 ⟧ 7.30 $\aleph_0 \cdot \aleph_0 = \aleph_0$

풀이. $\aleph_0 \cdot \aleph_0 = \text{card}\mathbb{N} \times \mathbb{N}$

$= \text{card}\mathbb{N}$

$= \aleph_0$

⟦ 예 제 ⟧ 7.31 $c \cdot c = c$

풀이. Claim 1) $c \cdot c \leq c$

($\because$) 곱집합 $(0,1)\times(0,1)$에서 구간 $(0,1)$로 가는 단사함수가 존재함을 보이면 충분하다.
그리기 위하여 각 실수 $x \in (0,1)$을 무한소수로 나타내기로 하자. 이를테면 $\frac{1}{2}$ 은 $0.5000\ldots$ 가 아니라 $0.4999\ldots$ 로 나타낸다. 이와 같이 구간 $(0,1)$에 속하는 각 실수를 무한소수로 일의적으로 나타낼 때, 함수 $f:(0,1)\times(0,1)\to(0,1)$을

$$f(0.x_1x_2x_3\ldots, 0.y_1y_2y_3\ldots) = 0.x_1y_1x_2y_2x_3y_3\ldots$$

으로 정의하면 이 함수 f는 단사이다(연습문제).
그러므로 $\mathrm{card}((0,1)\times(0,1)) \le \mathrm{card}(0,1)$.
따라서 $c\cdot c \le c$이다.

Claim 2) $c \le c\cdot c$

($\because$) 함수 $g:(0,1)\to(0,1)\times(0,1)$를
$g(x) = (x, \frac{1}{2})$로 정의하면
g는 단사함수이다. 따라서
$c = \mathrm{card}(0,1) \le \mathrm{card}((0,1)\times(0,1)) = c\cdot c$.

결국 1), 2)와 Cantor-Bernstein 정리에 의해서 $c\cdot c = c$이 된다.

7.4 연습문제

1. 세 집합 X, Y, Z에 대해 $Y\cap Z = \phi$일 때 $X\times Y \cap X\times Z = \phi$임을 보여라.

2. $X\times(Y\cup Z) = X\times Y \cup X\times Z$임을 보여라.

3. 유한 기수 n과 임의의 기수 a에 대하여 $a+a+\cdots+a = na$가 됨을 보여라. (수학적 귀납법 사용)

4. $ab = ac \Longrightarrow b = c$가 성립하지 않는 예를 들어라.

5. 유한 기수 n과 임의의 기수 a에 대하여 $a \cdot a \cdots a = a^n$이 됨을 보여라. (수학적 귀납법 사용)

6. 기수 x, y, z에 대하여 $x \leq y$ 이면 $xz \leq yz$이다. 이것을 증명하여라.

7. 다음 명제를 증명하거나 반증하여라.

   임의의 기수 x, y, z 에 대하여 $x < y$이고 $z \neq 0$이면 $xz < yz$이다.

8. 유한기수 n에 대하여 $n\aleph_0 = \aleph_0$임을 증명하여라.

9. 기수 x, y에 대하여 다음을 증명하여라.

   (a) $xy = 0$이면 $x = 0$ 또는 $y = 0$이다.

   (b) $xy = 1$이면 $x = 1$이고 $y = 1$이다.

10. 함수 $f : (0,1) \times (0,1) \to (0,1)$가

$$f(0.x_1x_2x_3x_4\cdots, 0.y_1y_2y_3\cdots) = 0.x_1y_1x_2y_2x_3y_3\cdots$$

로 정의되어 있다. 이 함수가 단사임을 보여라.

제 5 절 기수의 지수

정 의 **7.32** 집합 A, B에 대하여 A에서 B로 가는 함수 전체의 집합을 B^A로 나타낸다. 즉,

$$B^A = \{f \mid f : A \to B\text{는 함수}\}$$

로 정의한다. 특히 $B = \{0,1\}$일 때, $\{0,1\}^A$을 2^A으로 나타낸다.

정 의 **7.33** a, b가 기수일 때 지수(exponent) b^a은 다음과 같이 정의한다.

$$b^a = \mathrm{card} B^A$$

단, $a = \mathrm{card} A, b = \mathrm{card} B$.

정 리 **7.34** 집합 A, B, X, Y에 대하여
$A \sim X, B \sim Y$이면 $B^A \sim Y^X$.

증명. 조건에 의해 $f : B \sim Y$, $g : A \sim X$를 각각 전단사라고 하자.
지금 함수 $\psi : B^A \to Y^X$를, 각 $h \in B^A$에 대해
$\psi(h) = f \circ h \circ g^{-1}$로 정의하자.

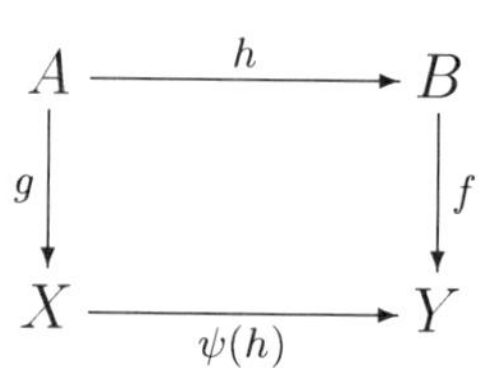

그림 32

그러면 ψ는 단사함수이다.

(∵) $\psi(h) = \psi(k)$
$\Longrightarrow f \circ h \circ g^{-1} = f \circ k \circ g^{-1}$
$\Longrightarrow f^{-1} \circ (f \circ h \circ g^{-1}) = f^{-1} \circ (f \circ k \circ g^{-1})$
$\Longrightarrow (f^{-1} \circ f) \circ (h \circ g^{-1}) = (f^{-1} \circ f) \circ (k \circ g^{-1})$
$\Longrightarrow 1_B \circ h \circ g^{-1} = 1_B \circ k \circ g^{-1}$
$\Longrightarrow h \circ g^{-1} = k \circ g^{-1}$
$\Longrightarrow (h \circ g^{-1}) \circ g = (k \circ g^{-1}) \circ g$
$\Longrightarrow h \circ (g^{-1} \circ g) = k \circ (g^{-1} \circ g)$
$\Longrightarrow h \circ 1_A = k \circ 1_A$
$\Longrightarrow h = k$
따라서 단사함수이다.

또한 ψ는 전사함수이다.

(∵) $j \in Y^X$에 대해 $f^{-1} \circ j \circ g \in B^A$이고
$\psi(f^{-1} \circ j \circ g) = f \circ (f^{-1} \circ j \circ g) \circ g^{-1} = j$.
따라서 전사함수이다.

결국 ψ는 전단사함수이다.
그러므로 $B^A \sim Y^X$이고 $\mathrm{card}B^A = \mathrm{card}Y^X$이다. □

⟦ 예 제 ⟧ 7.35 A : 집합
$\mathrm{card}P(A) = 2^{\mathrm{card}A}$

풀이. 집합 $B = \{0, 1\}$라 하고,
함수 $\psi : P(A) \to B^A$를 E에 대해 E의 특성함수를 대응시키는 함수, 즉,
$\psi(E) = \chi_E$라 정의하자.
그러면 ψ는 단사함수이다.

(∵) $\chi_D = \chi_E$라 하면
$\forall a \in A, \chi_D(a) = \chi_E(a)$이다. 따라서

$a \in D \iff \chi_D(a) = 1$

$\iff \chi_E(a) = 1 \iff a \in E.$

그러므로 $D = E$이다.

또한 ψ는 전사함수이다.

(∵) 함수 $f \in B^A$에 대해 $D = \{x \in A \mid f(x) = 1\}$라 하면 $D \in P(A)$이다. 그런데

$\chi_D(a) = 1 \iff a \in D \iff f(a) = 1$

이므로 $\chi_D = f$이다.

따라서 $\psi(D) = \chi_D = f$이고,

그러므로 ψ는 전사함수이다.

결국 ψ는 전단사이고, $\mathrm{card}P(A) = \mathrm{card}B^A = 2^{\mathrm{card}A}$이다.

정 리 **7.36** [지수법칙(exponential law)]
기수 a, x, y에 대해 다음 법칙이 성립한다.

$$a^x \cdot a^y = a^{x+y}$$

증명. $a = \mathrm{card}A$, $x = \mathrm{card}X$, $y = \mathrm{card}Y$, $X \cap Y = \phi$라 하자. $A^X \times A^Y \sim A^{X \cup Y}$을 보이면 된다.
함수 $\psi : A^X \times A^Y \to A^{X \cup Y}$를 $\psi(f, g) = f \cup g$로 정의하면
ψ는 전단사함수이다(연습문제).
따라서 정리가 성립한다. □

정 리 **7.37** [지수법칙(exponential law)]
기수 x, y, z에 대해 다음 법칙이 성립한다.

$$(z^y)^x = z^{yx}$$

증명. $x = \mathrm{card}X$, $y = \mathrm{card}Y$, $z = \mathrm{card}Z$라 하자.
이제 $(Z^Y)^X \sim Z^{Y\times X}$을 보이면 된다.
모든 $a \in X$에 대해 $f^a(b) = f(b,a)$로 정의되는 함수 $f^a : Y \to Z$를 생각할 수 있다.
이제 함수 $\psi : Z^{Y\times X} \to (Z^Y)^X$를 $\psi(f) = e_f$로 정의하자.
단, $e_f : X \to Z^Y$는 $e_f(a) = f^a$로 정의되는 함수이다.
그러면 ψ는 단사함수이다.

$(\because)$ $\psi(f) = \psi(g)$
$\Longrightarrow e_f = e_g \in (Z^Y)^X$
즉 $e_f = e_g : X \to Z^Y$ 이다.
따라서 $\forall a \in X,\ f^a = g^a$
$\Longrightarrow \forall a \in X,\ [\forall b \in Y, f^a(b) = g^a(b)]$
$\Longrightarrow \forall a \in X,\ [\forall b \in Y,\ f(b,a) = g(b,a)]$
$\Longrightarrow \forall (b,a) \in Y \times X,\ f(b,a) = g(b,a)$
$\Longrightarrow f = g.$

또한 ψ는 전사함수이다.

$(\because)$ $h \in (Z^Y)^X$라 하자.
이제 함수 $f : Y \times X \to Z$를 $f(b,a) = h(a)(b)$로 정의하면
$f \in Z^{Y\times X}$이고 $\psi(f) = h$이다.

$(\because)$ $\psi(f) = e_f : X \to Z^Y$ 이고 $h : X \to Z^Y$ 이므로
$\forall a \in X, \forall b \in Y,\ \psi(f)(a)(b) = e_f(a)(b) = f^a(b) = f(b,a) = h(a)(b)$
$\Longrightarrow \forall a \in X,\ \psi(f)(a) = h(a)$
$\Longrightarrow \psi(f) = h.$

따라서 ψ는 전사함수이다.

그러므로 $\psi : Z^{Y\times X} \to (Z^Y)^X$는 전단사함수이다.
$\therefore Z^{Y\times X} \sim (Z^Y)^X.$

$\therefore z^{yx} = \text{card}(Z^{Y\times X}) = \text{card}((Z^Y)^X) = (z^y)^x.$ □

정 리 **7.38** [지수법칙(exponential law)]
기수 a, b, x에 대해 다음 법칙이 성립한다.

$$(ab)^x = a^x \cdot b^x$$

증명. $a = \text{card}A, b = \text{card}B, x = \text{card}X$라 하자.
이제 $(A\times B)^X \sim A^X \times B^X$을 보이면 된다.

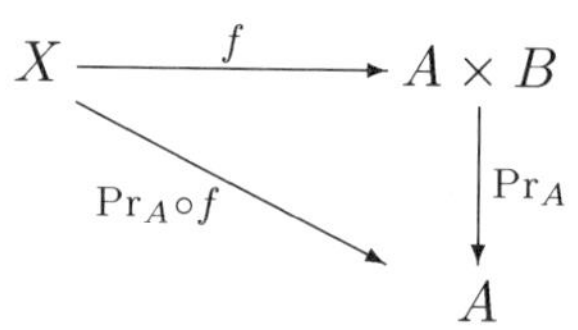

그림 33

함수 $\psi : (A\times B)^X \to A^X \times B^X$를
$\psi(f) = (\text{Pr}_A \circ f, \text{Pr}_B \circ f)$로 정의하면
ψ는 단사함수이다.

$(\because)\ \psi(f) = \psi(g)$
$\Longrightarrow (\text{Pr}_A \circ f, \text{Pr}_B \circ f) = (\text{Pr}_A \circ g, \text{Pr}_B \circ g)$
$\Longrightarrow \text{Pr}_A \circ f = \text{Pr}_A \circ g \wedge \text{Pr}_B \circ f = \text{Pr}_B \circ g$
$\therefore f = g$

또한 ψ는 전사함수이다.

$(\because)\ (f, g) \in A^X \times B^X$이라 하자.
이제 함수 $h : X \to A\times B$를 $h(x) = (f(x), g(x))$로 정의하면
$\psi(h) = (f, g)$이다. 즉,
$h \in (A\times B)^X$이고 $\psi(h) = (f, g)$이므로 ψ는 전사함수이다.

따라서 ψ는 전단사이고, $(A\times B)^X \sim A^X \times B^X$이다.
$\therefore (ab)^x = \text{card}(A\times B)^X = \text{card}(A^X \times B^X) = a^x \cdot b^x$ □

정 리 7.39 $2^{\aleph_0} = c$

증명. Claim 1) $c \le 2^{\aleph_0}$

($\because$) 함수 $f:\mathbb{R}\to P(\mathbb{Q})$를
$f(r) = \{x\in\mathbb{Q} \mid x<r\}$와 같이 정의하여 f가 단사함수임을 보이자.
$r \ne r'$
$\Longrightarrow r<r'$ 이거나 $r'<r$이다. ($r<r'$이라 하자.)
$\Longrightarrow \exists q\in\mathbb{Q},\ r<q<r'$.
$\Longrightarrow q\notin f(r)$이고 $q\in f(r')$이다.
$\Longrightarrow f(r)\ne f(r')$.
$\therefore f$는 단사함수이다.
그러므로 $\text{card}\mathbb{R} \le \text{card}P(\mathbb{Q})$이고, 따라서 $c\le 2^{\aleph_0}$이다.

Claim 2) $2^{\aleph_0} \le c$

($\because$) 함수 $\psi:\{0,1\}^{\mathbb{N}}\to\mathbb{R}$을

$$\psi(g) = 0.g(1)g(2)g(3)\ldots$$

로 정의하면 ψ는 단사함수이다.
그러므로 $\text{card}\{0,1\}^{\mathbb{N}} \le \text{card}\mathbb{R}$이고,
따라서 $2^{\aleph_0}\le c$이다.

Cantor–Bernstein의 정리와 1), 2)에 의해서 $c = 2^{\aleph_0}$이다. □

따름정리 7.40 $\aleph_0 < c$

증명. $\aleph_0 = \text{card}\mathbb{N} < \text{card}P(\mathbb{N}) = 2^{\aleph_0} = c$ □

7.5 연습문제

1. 임의의 기수 a에 대하여 다음을 증명하여라.

   $a^0 = 1$, $a^1 = a$, $1^a = 1$, 또 $a \neq 0$ 이면 $0^a = 0$

2. 임의의 기수 a에 대하여 $2^a > a$임을 보여라.

3. 기수 a, b, x, y에 대하여 $a \leq b$, $x \leq y$ 이면 $a^x \leq b^y$임을 증명하여라.

4. 임의의 유한기수 $n \geq 2$ 에 대하여 $n^{\aleph_0} = c = {\aleph_0}^{\aleph_0}$임을 증명하여라.

5. 임의의 유한기수 $n \geq 1$ 에 대하여 $c^{\aleph_0} = c = c^n$임을 증명하여라.

6. 모든 복소수의 집합 $\mathbb{C}$에 대하여 $\text{card}\mathbb{C} = c$임을 증명하여라.

7. $\aleph_0 c = c$임을 증명하여라.

제 6 절 기수의 계산

⟦ 예 제 ⟧ 7.41 $c \cdot c = c$

풀이. $c \cdot c = 2^{\aleph_0} \cdot 2^{\aleph_0}$
$= 2^{\aleph_0 + \aleph_0} = 2^{\aleph_0} = c$

⟦ 예 ⟧ 7.42 $\mathrm{card}\mathbb{R}^2 = \mathrm{card}(\mathbb{R} \times \mathbb{R}) = c \cdot c = c$이므로 $\mathbb{R}^2 \sim \mathbb{R}$이 됨을 알 수 있다.
마찬가지로 $\mathrm{card}\mathbb{R}^3 = \mathrm{card}\mathbb{R}^4 = \cdots = \mathrm{card}\mathbb{R}^n = c$이다.
따라서 모든 자연수 n에 대해 $\mathbb{R}^n \sim \mathbb{R}$이 성립한다.

참 고 7.43

$$\begin{aligned} \mathbb{N} \sim \mathbb{Q} \quad & \not\sim \quad \mathbb{R} \sim \mathbb{R}^2 \sim \mathbb{R}^3 \sim \cdots \sim \mathbb{R}^n \\ & \not\sim \quad P(\mathbb{R}) \\ & \not\sim \quad P(P(\mathbb{R})) \\ & \cdots \end{aligned}$$

이 되고 이들의 기수를 적어보면

$$\begin{aligned} \aleph_0 \quad & < \quad c \\ & < \quad 2^c \\ & < \quad 2^{(2^c)} \\ & \cdots \end{aligned}$$

와 같이 된다.

⟦ 예 ⟧ 7.44 $\mathrm{card}\{f \mid f : \mathbb{R} \to \mathbb{R} :$ 함수 $\}$
$= \mathrm{card}\mathbb{R}^{\mathbb{R}} = c^c = (2^{\aleph_0})^c = 2^{\aleph_0 \cdot c} = 2^c$
$> c$

⟦ 예 제 ⟧ 7.45 $C(\mathbb{R},\mathbb{R}) = \{f \mid f : \mathbb{R} \to \mathbb{R} :$ 연속함수 $\}$
$C(\mathbb{Q},\mathbb{R}) = \{f \mid f : \mathbb{Q} \to \mathbb{R} :$ 연속함수 $\}$
$K(\mathbb{R},\mathbb{R}) = \{f \mid f : \mathbb{R} \to \mathbb{R} :$ 상수함수 $\}$
$\Longrightarrow \text{card}C(\mathbb{R},\mathbb{R}) = \text{card}C(\mathbb{Q},\mathbb{R}) = \text{card}K(\mathbb{R},\mathbb{R}) = c$

풀이. $\psi : C(\mathbb{R},\mathbb{R}) \to C(\mathbb{Q},\mathbb{R})$
$f : \mathbb{R} \to \mathbb{R}$의 정의역 축소함수인 $f|_{\mathbb{Q}} : \mathbb{Q} \to \mathbb{R},\ f|_{\mathbb{Q}}(x) = f(x)$인 함수를 생각하자.
$\psi(f) = f|_{\mathbb{Q}}$라 정의하면 함수 ψ는 잘 정의된 함수이고
단사함수이다.

> $(\because)$ $f, g \in C(\mathbb{R},\mathbb{R})$에 대해,
> $\psi(f) = \psi(g)$
> $\Longrightarrow f|_{\mathbb{Q}} = g|_{\mathbb{Q}}$
> $\Longrightarrow \forall x \in \mathbb{Q},\ f|_{\mathbb{Q}}(x) = g|_{\mathbb{Q}}(x)$
> $\Longrightarrow \forall x \in \mathbb{Q},\ f(x) = g(x)$ 이고 f, g는 연속함수이다.
> 그런데 위상수학의 정리에 의하면 조밀한 집합에서 함수값이 같은 두 연속함수는 전체에서 같은 함수가 되므로, $f = g$이다.
> 따라서 함수 ψ는 단사이다.

$C(\mathbb{R},\mathbb{R})$에서 $C(\mathbb{Q},\mathbb{R})$로 가는 단사함수가 존재하므로
$\text{card}C(\mathbb{R},\mathbb{R}) \le \text{card}C(\mathbb{Q},\mathbb{R})$이다. 따라서

$$\begin{aligned}
\text{card}C(\mathbb{R},\mathbb{R}) &\le \text{card}C(\mathbb{Q},\mathbb{R}) \\
&\le \text{card}\mathbb{R}^{\mathbb{Q}} = c^{\aleph_0} \\
&= (2^{\aleph_0})^{\aleph_0} = 2^{\aleph_0 \cdot \aleph_0} = 2^{\aleph_0} \\
&= c. \dotfill (1)
\end{aligned}$$

임의의 $a \in \mathbb{R}$에 대해 함수
$f_a : \mathbb{R} \to \mathbb{R}$를

$f_a(x) = a$로 정의하면 f_a는 상수함수가 된다.
또한 $a \neq b \Longrightarrow f_a \neq f_b$이므로

$c = \text{card}\mathbb{R} \leq \text{card}K(\mathbb{R}, \mathbb{R})$ ......(2)

한편 모든 상수 함수는 연속함수이므로
$K(\mathbb{R}, \mathbb{R}) \subseteq C(\mathbb{R}, \mathbb{R})$이다. 따라서

$\text{card}K(\mathbb{R}, \mathbb{R}) \leq \text{card}C(\mathbb{R}, \mathbb{R})$ ......(3)

(1), (2), (3)에 의해서

$$\text{card}C(\mathbb{R}, \mathbb{R}) \leq \text{card}C(\mathbb{Q}, \mathbb{R}) \leq c$$
$$\leq \text{card}K(\mathbb{R}, \mathbb{R}) \leq \text{card}C(\mathbb{R}, \mathbb{R})$$

이다.
그러므로 Cantor–Bernstein 정리에 의해서

$$\begin{aligned}\text{card}C(\mathbb{R}, \mathbb{R}) &= \text{card}C(\mathbb{Q}, \mathbb{R}) = \text{card}K(\mathbb{R}, \mathbb{R}) \\ &= \text{card}C(\mathbb{R}, \mathbb{R}) = c\end{aligned}$$

이다.

⟦ 예 제 ⟧ 7.46 집합

$$D(\mathbb{R}, \mathbb{R}) = \{f \mid f : \mathbb{R} \to \mathbb{R}\text{는 미분가능한 함수}\}$$

의 기수 $\text{card}D(\mathbb{R}, \mathbb{R})$를 구하여라.

풀이. 모든 상수함수는 미분가능이므로
$K(\mathbb{R}, \mathbb{R}) \subseteq D(\mathbb{R}, \mathbb{R})$이다.
또한 미분가능한 함수는 연속이므로
$D(\mathbb{R}, \mathbb{R}) \subseteq C(\mathbb{R}, \mathbb{R})$이다.
$\therefore \text{card}K(\mathbb{R}, \mathbb{R}) \leq \text{card}D(\mathbb{R}, \mathbb{R}) \leq \text{card}C(\mathbb{R}, \mathbb{R})$.
따라서 $\text{card}D(\mathbb{R}, \mathbb{R}) = c$이다.

⟦ 예 제 ⟧ 7.47 $\text{card}\mathbb{Q}' = c$

풀이. $(\because)$ $\mathbb{Q}' \subseteq \mathbb{R}$이므로
$\text{card}\mathbb{Q}' \le \text{card}\mathbb{R} = c$이다.
분명히 $\text{card}\mathbb{Q}' \ge \aleph_0$이다.
만일 $\text{card}\mathbb{Q}' = \aleph_0$이면 $c = \text{card}\mathbb{R} = \text{card}(\mathbb{Q} \cup \mathbb{Q}')$
$= \text{card}\mathbb{Q} + \text{card}\mathbb{Q}' = \aleph_0 + \aleph_0 = \aleph_0$가 되어 모순이 된다.
$\therefore \text{card}\mathbb{Q}' = c$

⟦ 예 ⟧ 7.48 $\text{card}(\mathbb{Q} \cap [0,1]) = \aleph_0$
$\text{card}(\mathbb{Q} \times \mathbb{Q}' \times \mathbb{R}) = \aleph_0 \cdot c \cdot c = \aleph_0 \cdot c = c$
$\text{card}(\mathbb{R} \times \mathbb{R} \times \mathbb{R}) = c \cdot c \cdot c = c$
$\text{card}(\mathbb{N} \times \mathbb{Q}') = \aleph_0 \cdot c = c$
$\text{card}(\{0,1\} \times \mathbb{Q}') = 2 \cdot c = c$
$\text{card}(\{0,1\} \times \mathbb{R} \times \mathbb{R}) = 2 \cdot c \cdot c = c$

⟦ 예 ⟧ 7.49 $\aleph_0 + 3 = \aleph_0$
$3 + \aleph_0 = \aleph_0$
$3 + c = c$
$c + 3 = c$
$\aleph_0 + c = c$
$\aleph_0 + \aleph_0 = \aleph_0$
$c + c = c$
$\aleph_0 \cdot c = c$
$\aleph_0 \cdot \aleph_0 = \aleph_0$
$c \cdot c = c$
$3 \cdot \aleph_0 = \aleph_0$

⟦ 예 제 ⟧ 7.50 ${\aleph_0}^{\aleph_0} = 2^{\aleph_0} = c$

풀이. $\{f \mid f : \mathbb{N} \to \{0,1\}$는 함수 $\}$

$\subseteq \{f \mid f : \mathbb{N} \to \mathbb{N}$는 함수 $\}$

$\subseteq \{f \mid f : \mathbb{N} \to \mathbb{N}$는 관계 $\}$

$\subseteq \{f \mid f \subseteq \mathbb{N} \times \mathbb{N}\} = P(\mathbb{N} \times \mathbb{N})$이므로

이들의 기수를 계산하면

$2^{\aleph_0} \leq {\aleph_0}^{\aleph_0} \leq 2^{\aleph_0 \cdot \aleph_0} = 2^{\aleph_0}$

$\therefore {\aleph_0}^{\aleph_0} = 2^{\aleph_0} = c$

⟦ 예 ⟧ 7.51 $2^{\aleph_0} = c$

$\aleph_0^3 = \aleph_0 \cdot \aleph_0 \cdot \aleph_0 = \aleph_0$

$c^{\aleph_0} = (2^{\aleph_0})^{\aleph_0} = 2^{\aleph_0 \cdot \aleph_0} = 2^{\aleph_0} = c$

$c^c = (2^{\aleph_0})^c = 2^{\aleph_0 \cdot c} = 2^c$

⟦ 예 제 ⟧ 7.52 $\aleph_0^c = 2^c$

풀이. $\{0,1\}^{\mathbb{R}} \subseteq \{f \mid f : \mathbb{R} \to \mathbb{N} :$ 함수$\}$

$\subseteq \{f \mid f \subseteq \mathbb{R} \times \mathbb{N}\}$

$= P(\mathbb{R} \times \mathbb{N})$이므로 이들의 기수를 계산하면

$2^c \leq \aleph_0^c \leq 2^{c \cdot \aleph_0} = 2^c.$

$\therefore \aleph_0^c = 2^c$

⟦ 예 ⟧ 7.53 $2^{\aleph_0} = 3^{\aleph_0} = \cdots = \aleph_0^{\aleph_0} = c^{\aleph_0} = \mathrm{c}$

$2^c = 3^c = \cdots = {\aleph_0}^c = c^c$

⟦ 예 ⟧ 7.54 $c(\aleph_0 + c + 2^{\aleph_0} + 2^c)$

$= c(\aleph_0 + 2^{\aleph_0} + 2^{\aleph_0} + 2^c)$

$= c \cdot 2^c = 2^c$

⟦ 예 ⟧ 7.55 $c^{\aleph_0}(\aleph_0 + c + 2^{\aleph_0} + 2^c)$

$= c^{\aleph_0}(2^{\aleph_0} + 2^c + 2^{\aleph_0} + 2^c)$

$= c^{\aleph_0} \cdot 2^c = c \cdot 2^c = 2^c$

7.6 연습문제

1. 함수 $f : P(A) \to \{0,1\}^A$를 $f(D) = \chi_D$로 정의하면 전단사함수가 됨을 증명하여라.

2. 집합 A, X, Y에 대하여 $X \cap Y = \phi$일 때 함수를 $\psi : A^X \times A^Y \to A^{X \cup Y}$, $\psi(f,g) = f \cup g$로 정의하면 전단사가 됨을 보여라.

3. n차원 공간 $\mathbb{R}^n = \mathbb{R} \times \mathbb{R} \times \cdots \times \mathbb{R}$의 점은 단위 개구간 (0,1)의 점만큼 많다. 이것을 증명하여라.

4. $\mathbb{R}^{\aleph_0}$을 무한실수열 $< x_1, x_2, x_3, ... >$로 이루어진 모든 점들의 집합이라 할 때, 모든 x_k가 정수인 점 $< x_1, x_2, x_3, ... >$을 $\mathbb{R}^{\aleph_0}$에서의 **격자점**(lattice point)이라고 한다. 공간 $\mathbb{R}^{\aleph_0}$의 점은 그 격자점만큼 많다는 것을 보여라.

5. 치역이 $\{0,1\}$인 일변수 실가함수는 꼭 n변수 실가함수만큼 많다는 것을 보여라. 여기서 n은 임의의 자연수이다.

6. 모든 일변수 실가함수의 집합 $\{f \mid f : \mathbb{R} \to \mathbb{R}$는 함수$\}$의 기수를 $\mathfrak{f}$로 나타낼 때 임의의 자연수 n과 초한기수 $\aleph_0$과 c에 대하여 다음 사실이 성립함을 증명하여라.

   $\mathfrak{f}^n = \mathfrak{f}^{\aleph_0} = \mathfrak{f}^c = \mathfrak{f}$

제 7 절 연속체 가설

1880년대에 Cantor에 의하여 소위 연속체문제(continuum problem)로 알려진 중요한 의문이 제기된 바있다. 즉,

$$\aleph_0 < x < 2^{\aleph_0} = c$$

를 만족시키는 기수 x가 존재하는가?
다시 말하면 집합 $\mathbb{R}$의 비가부번 무한부분집합으로서 기수가 $\mathbb{R}$의 기수보다 작은 것이 존재하는가?

그러나 실제의 집합에서 그런 기수를 찾을 수는 없었다.
Cantor를 비롯한 많은 수학자들이 이 문제를 풀려고 많은 노력을 기울였으나 모두 무위로 끝났다. 따라서 Cantor 등의 수학자들은 다음과 같은 연속체 가설을 제안했다.

연속체 가설(continuum hypothesis)
두 초한기수 $\aleph_0$와 $c(= 2^{\aleph_0})$에 대하여 $\aleph_0 < x < c$를 만족시키는 기수 x는 존재하지 않는다.

위 연속체 가설을 좀 더 일반화 해서 아래와 같은 일반 연속체 가설이 제안되었다.

일반 연속체 가설(generalized continuum hypothesis)
임의의 초한기수 a에 대하여 $a < x < 2^a$를 만족시키는 기수 x는 존재하지 않는다.

1900년대 독일 수학자 Hilbert는 파리에서 개최된 국제 수학자대회에서 23개의 중요한 미해결 문제를 제기했는데 그 첫번째 문제가 연속체 가설이었다.

1938년 Gödel이 "집합론의 공리에 일반 연속체 가설을 첨가해서 얻어지는 모순은 본래의 공리만으로도 얻어낼 수 있다"는 것을 증명하였

다. 다시 말하면 일반 연속체 가설은 집합론의 공리와 독립적이라는 것이다.

1963년 스탠포드대학의 Cohen이 "일반 연속체 가설은 집합론의 공리안에서는 증명 불가능하다"는 것을 증명하였다.

즉 집합론에서 일반 연속체 가설은 Euclid 기하학에서 "평행선의 공리"와 마찬가지 역할을 하는 것이다. 따라서 연속체 가설을 집합론의 하나의 공리로 받아들이거나 받아들이지 않을 수 있으며, 두 경우 모두 모순이 없는 수학적 이론의 구성이 가능하다는 것이다.

부록

선택공리

공 리 [선택공리(Axiom of Choice)]

공집합이 아닌 집합들의 집합족 $\mathcal{S}(\mathcal{S} \neq \phi)$에 대해 **선택함수**(choice function)가 존재한다. 즉,

$$\forall A \in \mathcal{S},\ f(A) \in A$$

인 함수

$$f : \mathcal{S} \to \bigcup_{A \in \mathcal{S}} A$$

가 존재한다.

⟦ 예 ⟧ **1**. 유한집합족 $\mathcal{A} = \{\{1,2\},\{3,4\},\{5,6,7\}\}$에 대해서는 분명히 선택함수가 존재한다. 예를 들어

$$f(\{1,2\}) = 1,\ f(\{3,4\}) = 3,\ f(\{5,6,7\}) = 5$$

를 생각하면 이 함수는 선택함수이다.

⟦ 예 ⟧ **2**. 위 예제에서

$$h(\{1,2\}) = 2,\ h(\{3,4\}) = 4,\ h(\{5,6,7\}) = 6$$

를 생각하면 이 함수도 선택함수이다.

⟦ 예 ⟧ **3**. 그러나

$$h(\{1,2\}) = 1,\ h(\{3,4\}) = 4,\ h(\{5,6,7\}) = 3$$

을 생각하면 이 함수는 선택함수가 아니다.
왜냐하면 $h(\{5,6,7\}) = 3 \notin \{5,6,7\}$이기 때문이다.

⟦ 예 ⟧ **4**. 집합족 $\mathcal{F} = \{(\frac{1}{4n+1}, \frac{1}{4n-1}) \mid n \in \mathbb{N}\}$에 대해
함수 $f((\frac{1}{4n+1}, \frac{1}{4n-1})) = \frac{1}{4n}$는 선택함수이다.

⟦ 참고 ⟧ 유한 집합에 대해서는 항상 선택함수를 찾을 수 있으며, 일부 무한 집합에 대해서도 선택함수를 찾을 수 있다. 그러나 임의의 집합에 대해서 이와 같은 선택함수가 존재한다는 보장이 없는데, 이를 보장해주는 것이 선택공리이다.

참고도서

1. 김광수, 논리와 비판적 사고, 철학과 현실사, 서울, 1993.
2. 노야 시게키, 논리 트레이닝, 일빛, 서울, 2002.
3. 대한수학회, 수학용어집, 청문각, 서울, 1994.
4. 이석종, 위상수학의 기초, 교우사, 서울, 2007.
5. 이석종, 집합과 논리, 교우사, 서울, 2001.
6. 이장우, 현대집합론의 원리, 경문사, 서울, 1993.
7. 이흥천, 집합론, 경문사, 서울, 1997.
8. 임정대, 집합론의 기초, 청문각, 서울, 1992.
9. 임정대, 현대집합론, 경문사, 서울, 1987.
10. M. L. Bittinger, Logic, Proof, and Sets, Addison-Wesley, Reading, Massachusetts, 1982.
11. J. Dugundgi, Topology, Allyn and Bacon, Boston, 1965.
12. A.G. Hamilton, Numbers, Sets and Axioms: The Apparatus of Mathematics, Cambridge University Press, London, 1982.
13. K. Hrbacek and T. Jech, Introduction to Set Theory, 2nd edition, Marcel Dekker Inc., New York, 1984.
14. S. Y. T. Lin and Y. F. Lin, Set Theory: An Intuitive Approach, Houghton Miffin Co., Boston, 1974.
15. C. Pinter, Set Theory, Addison-Wesley, Reading, Massachusetts, 1971.
16. J.W. Robbin, Mathematical Logic: A First Course, W.A. Benjamin Inc., New York, 1969.
17. L. E. Sigler, Exercises in Set Theory, Springer-Verlag, Berlin, 1976.
18. R. M. Smullyan, First-Order Logic, Dover Publications, New York, 1995.
19. R. L. Vaught, Set Theory, Birkhauser Boston Inc., Boston, 1985.

찾아보기

기호 찾아보기

영문 찾아보기

[S]

[T]

[U]

[V]

[Z]

한글 찾아보기

집합과 논리의 기초

2008년 8월 1일 초판 인쇄
2008년 8월 11일 초판 발행

저 자 / 이석종
발행자 / 오판근
발행처 / 교우사

주 소 / 서울 동대문구 제기2동 148-19
전 화 / 925-2861(대), 편집부 / 925-2825
팩 스 / 925-2860, 953-2860
E-mail / kw2861 @ chollian. net
http: // www. kyowoo. co. kr
등록 / 1994. 3. 24 제6-0256호

ISBN 978-89-8172-753-6 (93410)
값 **14,000**원